战略性新兴产业科普丛书（第二辑）

智能制造

史金飞　主　编

江苏省科学技术协会
江苏省机械工程学会　组织编写

U0162779

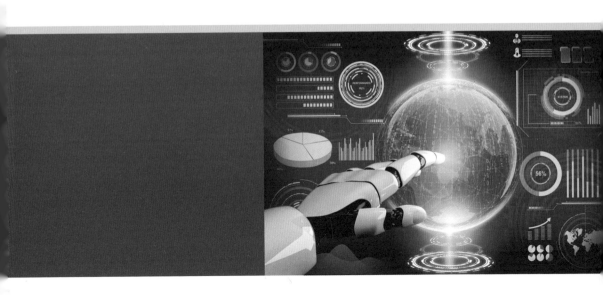

南京大学出版社

内容简介

本书以通俗易懂的语言介绍了智能制造的起源与发展，常用工业软件的技术特点及其功能，制造物联系统中智能传感组网及其数据传输协议，工业机器人的结构与应用，虚拟制造中的虚拟现实及增强现实技术，增材制造的技术特点与实际应用，云制造中的工业云和工业大数据，数字孪生的基本概念及故障预测与健康管理，信息物理系统的架构与关键技术，绿色制造理念及智能制造的发展前景。

本书作为科普性读物，旨在帮助读者快速全面地了解智能制造的起源背景、核心技术及其发展趋势。

图书在版编目（CIP）数据

智能制造 / 史金飞主编 . -- 南京 : 南京大学出版社 , 2021.5
（战略性新兴产业科普丛书 . 第二辑）
ISBN 978-7-305-24383-7

Ⅰ . ①智… Ⅱ . ①史… Ⅲ . ①智能制造系统－普及读物 Ⅳ . ① TH166-49

中国版本图书馆 CIP 数据核字（2021）第 074352 号

出版发行　南京大学出版社
社　　址　南京市汉口路 22 号　　　邮　编　210093
出 版 人　金鑫荣

丛 书 名　**战略性新兴产业科普丛书（第二辑）**
书　　名　智能制造
主　　编　史金飞
责任编辑　苗庆松　　　　　　编辑热线　025-83592655

照　　排　南京新华丰制版有限公司
印　　刷　南京凯德印刷有限公司
开　　本　718×1000　1/16　印张 9.75　字数 158 千字
版　　次　2021 年 5 月第 1 版　2021 年 5 月第 1 次印刷
ISBN　978-7-305-24383-7
定　　价　49.80 元

网址：http://www.njupco.com
官方微博：http://weibo.com/njupco
微信服务号：njuyuexue
销售咨询热线：（025）83594756

本书编委会

指导委员会

主　　任　夏汉关

副 主 任　程晓农　江建春

委　　员　陶　魄　凌　祥　李锁云　钱夏夷　饶华球　赵建平
　　　　　刘志超

编写委员会

主　　编　史金飞

副 主 编　汤文成　汪木兰

编　　委（**按姓氏笔画为序**）

　　　　　王　匀　王　骏　王保升　田宗军　史金飞　包永强
　　　　　吉爱红　朱　昊　汤文成　汪木兰　张　卫　张晓东
　　　　　苗　盈　俞张勇　程　勇　魏浩然

总 序

当今世界正经历百年未有之大变局，新一轮科技革命和产业变革深入发展，我国发展环境面临深刻复杂变化。刚刚颁布的我国《国民经济和社会发展第十四个五年规划和2035年远景目标纲要》将"坚持创新驱动发展 全面塑造发展新优势"摆在各项规划任务篇目的首位，强调指出：坚持创新在我国现代化建设全局中的核心地位，把科技自立自强作为国家发展的战略支撑，并对"发展壮大战略性新兴产业"进行专章部署。

战略性新兴产业是引领国家未来发展的重要力量，是主要经济体国际竞争的焦点。习近平总书记在参加全国政协经济界委员联组讨论时强调，要加快推进数字经济、智能制造、生命健康、新材料等战略性新兴产业，形成更多新的增长点、增长极。江苏在"十四五"规划纲要中明确提出"大力发展战略性新兴产业""到2025年，战略性新兴产业产值占规上工业比重超过42%"。

为此，江苏省科学技术协会牵头组织相关省级学会（协会）及有关专家学者，围绕战略性新兴产业发展规划和现阶段发展情况，在2019年编撰的《战略性新兴产业科普丛书》基础上，继续编撰了《智能制造》《高端纺织》《区块链》3本产业科普图书，全方位阐述产业最新发展动态，助力提高全民科学素养，以期推动建立起宏大的高素质创新大军，促进科技成果快速转化。

丛书集科学性、知识性、趣味性于一体，力求以原创的内容、新颖的视角、活泼的形式，与广大读者分享战略性新兴产业科技知识，探讨战略性新兴产业创新成果和发展前景，为助力我省公民科学素质提升和服务创新驱动发展发挥科普的基础先导作用。

"知之愈明，则行之愈笃。"科技是国家强盛之基，创新是民族进步之魂，希望这套丛书能加深广大公众对战略性新兴产业及相关科技知识的了解，传播科学思想，倡导科学方法，培育浓厚的科学文化氛围，推动战略性新兴产业持续健康发展。更希望这套丛书能启迪广大科技工作者贯彻落实新发展理念，在"争当表率、争做示范、走在前列"的重大使命中找准舞台、找到平台，以科技赋能产业为己任、以开展科学普及为己任、以服务党委政府科学决策为己任，大力弘扬科学家精神，在科技自立自强的征途上大显身手、建功立业，在科技报国、科技强国的实践中书写精彩人生。

中国科学院院士、江苏省科学技术协会主席 陈骏

2021 年 3 月 16 日

前 言

为了全面贯彻落实《中华人民共和国科学技术普及法》，进一步加强江苏省科普宣传教育力度，全面推动全省科普工作社会化，提高公民科学文化素质。在江苏省人民政府的领导下，江苏省科学技术协会统一部署，江苏省机械工程学会组织编写了《战略性新兴产业科普丛书（第二辑）》中的《智能制造》分册。

当今世界正面临着新一轮的产业技术革命。一系列非经济因素带来的冲击使得全球进入了动荡的变革期。世界各国都在寻求应对这种变革的国家战略。智能制造工程是《中国制造2025》中提出的实现制造业强国的五大工程之一，在这场变革中具有举足轻重的地位。习近平总书记强调，"我们要顺应第四次工业革命发展趋势，共同把握数字化、网络化、智能化发展机遇"。当前，智能制造作为一种电子信息、人工智能、装备制造等技术深度融合的产物，已经由理念普及阶段进入了全面推广阶段。如何围绕数字化和智能化的建设思路，全面加强自主创新，攻克高端制造的一系列难题是我国制造业实现由大转强的关键。在这个大背景下，为了更好地向社会大众普及智能制造工程的相关技术和应用，江苏省机械工程学会精心组织了本书的编写工作。

《智能制造》旨在向读者介绍现代先进制造技术的发展和现状、当前智能制造领域的研究热点与关键技术。力求以通俗易懂的语言、简明扼要的叙述、图文并茂的形式向广大读者深入浅出地描绘当代高端制造行业的整体格局、典型案例和发展前景。全书从工业软件、制造物联、工业机器人、虚拟制造、增材制造、制造云、数字孪生、信息物理系统、绿色制造等方面向读者全方位、多角度地展现智能制造领域的发展现状和趋势，引导读者综合了解和认识智能制造技术及其相关应用。

本书由江苏省科学技术协会和江苏省机械工程学会组织编写。东南大学、南京工程学院、江苏敏捷创新经济管理研究院、南京信息工程大学、南京航空航天大学、江苏大学、无锡职业技术学院等单位参加了编写工作。参加本书编写的有史金飞（第一章），张晓东、张卫（第二章），王保升、程勇（第三章），吉爱红（第四章），汤文成（第五章），田宗军（第六章），王匀（第七章），汪木兰（第八章），朱昊、包永强（第九章），王骏、俞张勇、苗盈（第十章），研究生魏浩然参与了文档编辑和部分插图绘制工作。全书由史金飞负责大纲编写与统稿工作。

智能制造涉及的行业面广、技术发展快，由于编者视野所限和编写时间仓促，本书在编撰的过程中难免存在疏漏与欠妥之处，敬请广大读者及业内人士批评指正。对引用资料的原创作者以及网络媒体等表示感谢。

《智能制造》编撰委员会

目　录

第一章　智能制造

现如今，大家经常在广播电视、报刊杂志和网络中听到或者看到智能制造相关内容，总感觉是如此的熟悉又相当的陌生，"熟悉"是因为时常出现在大家耳边或眼前，而"陌生"是因为大家对智能制造没有深入了解。那么，从现在开始大家就一起见识一下到底什么是智能制造吧。

第一节　智能制造的出生

1. 智能制造的出现

智能制造是在 20 世纪后期随着人工智能（Artificial Intelligence，AI）研究及应用深入而提出来的，当时工业化发达国家制造业已进入大规模定制生产，相应的实现技术和方法主要涉及计算机数字控制和可编程逻辑控制器（Programmable Logic Controller，PLC）等。后来，得益于计算机集成制造（Computer Integrated Manufacturing，CIM）和网络化制造模式的出现，诞生了世界上的新生儿"智能制造"。

2. 智能制造在中国

由于全球人口老龄化加剧、企业人力成本大大提高等因素，制造业不再有往日的高额利润空间，因此生产效率提升成为制造业面临的难题。全世界制造业开始启动产业转型升级，各个国家根据自身制造业的实际情况，提出了相应的发展规划，争先恐后抢占智能制造最高点。2012 年以来，美国、德国、日本、英国、法国、韩国等相继发布了"先进制造业伙伴计划""工业 4.0 战略计划实施建议""社会 5.0 战略""工业 2050 战略""未来工业计划""制造业创新 3.0 计划"等发展规划。

我国也提出了"要推动中国制造向中国创造转变，中国速度向中国质量转变，制造大国向制造强国转变"，于 2015 年 5 月，制订发布并实施"中国制造 2025"战略，并强调其主攻方向为智能制造，这一战略对我国经济的快速发展、综合国力的提升、人民群众生活水平的提高等方面都有着非常重要的意义。

我国实施"中国制造 2025"主要有两方面的原因：一方面，国民经济的重要支柱是制造业，我国经济实现"创新驱动、转型升级"的主要实施场地也是制造业，发展智能制造是我国的必然选择；另一方面，在金融危机冲击下，各个发达国家吸取经验教训，重新开始重视制造业的发展，使得我国制造业最大优势的劳动密集型产业受到了前所未有的挑战。

3. 智能制造的雏形

智能制造是基于新一代信息通信技术与先进制造技术的深度融合，贯穿于设计、生产、管理、服务等制造活动的各个环节，具有自感知、自学习、自决策、自执行、自适应等功能的新型生产方式。智能制造的本质就是工业化与信息化的深度融合，智能的本质就是灵活运用数字化技术，制造的本质就是把设计变成产品，把虚拟变成现实。智能制造链路很长，从技术规划、工艺选择、设备选型，到生产制造、商业模式探索、生产数据积累与利用、应用软件设计、网络架构规划、链接协议对接以及结果评估等，作为一个智能工厂将会涉及到"六维智能"，具体如图 1-1 所示。

图 1-1　智能工厂涉及"六维智能"

第二节 智能制造的成长

目前，世界上的智能制造技术一直在不断地发展和提升，我国的智能制造虽然起步晚于发达国家，但是经过持续努力和不断推进，已经追赶上了一些发达国家的智能制造水平，甚至在某些领域实现了超越。当然，必须清楚认识到，我国的智能制造技术还有一定的缺失，甚至在高精尖领域存在"卡脖子"现象，中国智能制造仍任重道远。

1. 智能制造发展近况

中国智能制造新增企业数量开始降低，智能制造关键技术和应用领域开始纵向拓展和深化。从企业地区分布来看，中国智能制造企业地域分布存在明显差异，呈现出"东强西弱"的发展态势，智能制造示范企业主要集中在以北京、山东等为核心的环渤海地区，以上海、江苏、浙江等为核心的长三角地区，以广东为中心的珠三角地区。从细分领域来看，工业机器人最受关注。作为推动制造业转型升级的重要力量，目前工业机器人已广泛应用于汽车及汽车零部件制造业、机械加工行业、电子电气行业、橡胶及塑料工业、食品工业、木材与家具制造业等领域。

中国智能制造发展已经进入全面推进阶段，顶层设计基本完成，为智能制造发展提供了有力的制度保证。通过示范工程初步建成的数字化车间和智能工厂，覆盖了《中国制造2025》中的十大领域和80个行业，并基本形成了若干可复制推广的智能制造模式，共制订了国家、行业、企业等各类标准草案近600项，从而引导企业加速向智能制造转型。

2. 制造产业迈向高端

产业优化升级是近年来工业发展的重中之重，目前我国工业结构调整优化已取得积极进展，技术改造工作得到更大重视，高档数控机床、工业机器人等新兴产业发展势头良好，市场倒逼过剩产能退出的机制加速形成。

从整个工业运行情况来看，出现了"三个分化"。这种内部分化不是坏事，意味着新的增长动力在形成。一是行业出现分化，有些传统产业比较困难，一些新兴产业增长较好；二是企业出现分化，有比较困难的企业，也有发展比较好的企业；三是区域、地区出现分化，有些地区特别是转型升级行动早的地区出现了好的发展势头和希望。

智能制造是中国制造升级的主攻方向，也成为各地制造企业提升价值链的突破口。智能制造包括三个方面：一是研发出一批智能化的产品，例如更加智能的工业机器人；二是生产和管理过程的智能化或信息化，把信息技术用在整个生产经营管理的各个环节，大大提高效率和效益；三是在企业层面建立工业互联网或物联网，实现信息的充分交流和共享。

3. 智能制造生态初步形成

自 2015 年首批国家级智能制造试点示范项目公布实施之后，连年持续推进，逐步增加数量，起到了较好的带动效果。特别是促进了高端装备、工业软件、网络物联、标准规范等要素的融合创新，促进了新技术、新产品、新业态的繁荣发展，初步形成了制造业的创新生态体系，为制造业发展提供了新动力、新引擎。当然，也应当清醒地看到，以技术和资本为纽带，强化用户、系统集成商、工业软件开发商、装备供应商等的合作机制仍需深化，无论是平台型的集成创新还是跨界技术都有待进一步突破，"以用促新"的制造业创新生态系统有待继续构建和逐步完善。

第三节 智能制造什么模样

1. 智能制造的原理结构

人们对智能制造目标、内涵、特征、关键技术和实施途径等方面的认识是一个不断发展、逐步深化的过程，当前迫切需要在总结过去智能制造发展历史、理论和实践研究成果的基础上，形成一个智能制造理论体系架构，旨在以功能架构模型描述构成智能制造理论体系的各个组成部分，明确各部分的主要内容及其相互关系，从而进一步了解智能制造。智能制造理论体系架构如图 1-2 所示。

2. 智能制造的八大模块

（1）理论基础——阐明智能制造理论的基本概念、范畴、基本原理等。涉及智能制造的基本概念、术语定义、内涵特征、构成要素、参考架构、标准规范等。

（2）技术基础——阐明发展智能制造的工程技术基础和基础性设施条件等，涉及工业"四基"和基础设施两个方面。

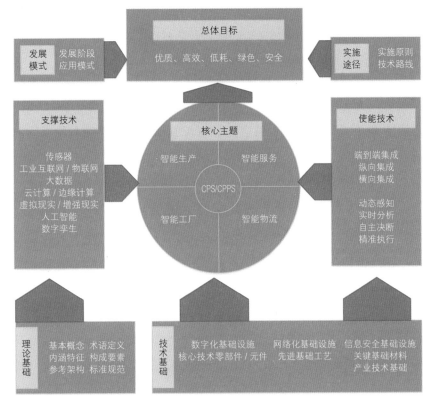

图1-2　智能制造理论体系架构

（3）支撑技术——属于智能制造的关键技术，涉及支撑智能制造发展的新一代信息技术和人工智能等关键技术。

（4）使能技术——也属于智能制造的关键技术，涉及智能制造系统性集成和应用使能方面的关键技术，归结为3大集成技术和4项应用使能技术。

（5）核心主题——阐述构成智能制造的核心内容和主要任务，概括为"一个核心"和"四大主题"。"一个核心"即信息物理系统（Cyber-Physical System，CPS），以及由此构建的信息物理生产系统（Cyber-Physical Production System，CPPS）。CPS/CPPS的实现形式和载体为智能制造"四大主题"——智能工厂、智能物流、智能生产和智能服务。

（6）发展模式——阐述智能制造发展演进阶段的划分、特点和范式，包括演进范式、发展阶段和应用模式等。

（7）实施途径——阐述实施智能制造的基本原则，并给出推进智能制造落地的实施步骤及其具体建议。

（8）总体目标——阐述智能制造总体目标——优质、高效、低耗、绿色、安全的具体内涵及其意义。

3.智能制造的四大主题

（1）智能工厂——根据工厂模式演进角度划分，首先是数字工厂，它是工业化与信息化融合的应用体现。它借助于信息化和数字化技术，通过集成、仿真、分析、控制等手段，为制造工厂的生产全过程提供全面管控的整体解决方案。它不限于虚拟工厂，更重要的是实际工厂的集成，包括产品工程、工厂设计与优化、车间装备建设及生产运作控制等。其次是数字互联工厂，即将物联网（Internet of Things，IoT）技术全面应用于工厂运作的各个环节，实现工厂内部"人、机、料、法、环、测"的泛在感知和万物互联。互联范围可以延伸到供应链和客户环节，从而缩短了时空距离，为制造过程中"人－人""人－机""机－机"之间的信息共享和协同工作奠定基础，同时还可以获得制造过程更为全面的状态数据，使得数据驱动的决策支持与优化成为可能。最后是智能工厂，也就是制造工厂层面的信息化与工业化的深度融合，是数字化工厂、网络化互联工厂和自动化工厂的延伸和发展。通过将人工智能技术应用于产品设计、工艺规划、生产制造等过程，使得制造工厂在其关键环节或过程中能够体现出一定的智能化特征，即自主性的感知、学习、分析、预测、决策、通信与协调控制能力，能动态地适应制造环境的变化，从而实现提质增效、节能降本的终极目标。

（2）智能生产——在未来的智能制造中，生产资源（生产设备、机器人、传送装置、仓储系统和生产设施等）将通过集成形成一个闭环网络，具有自主、自适应、自重构等特性，从而快速响应、动态调整和配置制造资源网络和生产步骤。智能生产的研究内容主要包括：基于制造运营管理（Manufacturing Operating Management，MOM）系统的生产网络；基于数字孪生（Digital Twin）的生产过程设计、仿真和优化；基于现场动态数据的决策与执行。

（3）智能物流——主要通过互联网、物联网和物流网等，整合物流资源，充分发挥现有物流资源供应方的效率，使需求方能够快速获得服务匹配和物流支持。

（4）智能服务——能够自动辨识用户的显性和隐性需求，并且主动、高效、安全、绿色地满足其需求的服务。在智能制造中，智能服务需要在集成现有多方面的信息技术及其应用的基础上，以用户需求为中心，进行服务模式和商业模式的创新，因此，智能服务的实现需要涉及跨平台、多元化的技术支撑。

第四节　智能制造有多聪明

1. 人工智能是什么

人工智能技术又称为 AI（Artificial Intelligence）技术，其突出特点是能够模拟人的思维方式进行问题的处理，使处理过程不再模式化，而是可以根据情况的变化具有"思考"能力，并作出科学的响应。现阶段，人工智能的核心技术有以下几种：一是计算机视觉技术，利用计算机进行图像的自动识别以及分析处理；二是机器学习，机器能够在学习的基础上进行能力的累积，而不是依靠人类将数据和指令写成机器控制软件；三是自然语言的理解处理，像人类一样进行文本内容的分析；四是语音识别，即能够识别人们的讲话内容，听懂人类发出的指令。

2. 人工智能与智能制造

伴随着人工智能技术的飞速发展，如今的智能制造技术，已从传统的以结构化内容和集中式控制结构为特征发展到以非结构化内容和分布式控制结构为特征的新兴智能制造技术，相应的对比分析如图1-3所示。图中，DIKW体系就是关于数据（Data）、信息（Information）、知识（Knowledge）及智慧（Wisdom）的体系。数据层是基础，信息

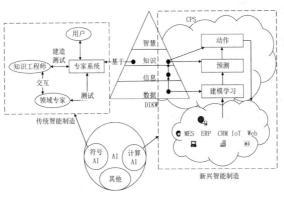

图1-3　传统智能制造与新兴智能制造

层加入相应内容，知识层加入"如何去使用"，智慧层加入"什么时候才用"。

随着智能感知技术的出现，计算机存储与计算能力的提高，云计算的诞生以及与通信技术的紧密结合，创建了以云制造和信息物理系统（Cyber-Physical Systems，CPS）为核心的智能制造新模式。

3. 智能制造的未来

未来在拥有大数据的情况下，智能制造企业可基于深度学习等智能算法对数据进行处理与充分利用，对生产过程进行主动预测，控制生产中的各个环节，在缺少数据的情况下，通过自主学习完成生产制造。若将这一技术应用于制造过程中，只需对已有的加工过程进行一遍学习（少数据），便可以灵活地进行自主加工制造并优化加工过程。而对制造过程中的突发情况，具有人类思维的人工智能，会根据实际情况，做出相应的调整，例如更换刀具、更换设备、停工检修等。整个制造系统具有一定的认知能力，可自学习、自思考、自决策。

未来的智能制造多功能化还体现在每个领域里的智能制造系统之间可以直接相互交流、相互学习，使一个智能制造系统可实现多领域的制造功能，或一个领域的制造系统可直接借助其他领域的制造系统的知识，实现对多个领域的制造功能，从而扩大了智能制造系统的知识领域与应用领域。

第五节　智能制造谁需要

1. 制造业转型升级需要智能制造

图1-4　大规模生产的汽车装备车间

对于大规模制造企业（如图1-4所示），加快工业化和信息化的"两化"融合发展，推动制造企业循着数字化、网络化、智能化方向发展，加快转型升级迫在眉睫，一步一步向智能制造迈进，是传统制造企业面临的课题，也是必然选择。加强创新驱动力应用，借助科技创新，不断提高传统制造业的技术结构和产品结构的优化水平，实现传统制造业向技术密集型方向顺利过渡。

智能制造对于制造企业的发展有着非常重要的作用，制造业想要生存，想要发展，想要获得更高的收益就必须向智能制造看齐，发展智能制造不仅仅能让制造企业减少成本、提高利润，更能提高制造企业的品牌竞争力。

2. 用户个性化需求需要智能制造

未来人类生活需求多种多样，个性化将逐步成为主流。兰博基尼汽车公司设立全新的 Ad Personam 高级个性化定制虚拟工作室（如图1-5所示），为全球客户提供咨询服务，客户无须亲自前往位于意大利圣亚加塔·波隆尼的 Ad Personam 定制部门，便可为自己的新车进行个性化定制。

智能制造的生产方式具备一定程度的"自主"功能。那时，你再也不需要将自己的需求归结到几个特定的标准型号上，产品将依照你的需求而生产。你不需要再购买均码的衣服，衣服将很好地贴合你的身材；你不需要再挑选手机，工厂会为你制造适合你的手机。

图1-5　兰博基尼 Ad Personam 高级个性化定制虚拟工作室

作为融合了信息、制造、管理等多方面的革新，智能制造是对人类生产方式的又一次颠覆。像工业时代流水线给人类社会带来的冲击一样，信息时代的智能制造也将会给人类社会带来深远的影响。

第六节　智能制造需要人吗

1. 从"机器换人"到"机器助人"

智能制造不是单纯的信息化建设，更不是简单的资产投资和装备升级，而是要紧扣"技术赋能、管理使能"两大主题，通过发展智能制造，推动企业高质量发展。智能制造并不是完全的"机器换人"，而是实现"机器助人"，采用智能技术解决他们工作中的难点、痛点问题，将员工从低级重复的劳动中解放出来，帮助他们转变角色，并催生新的生产力。图1-6为机器人辅助工作人员修理工件的生产场景。

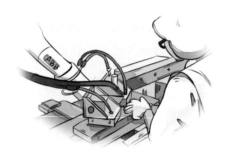

图1-6　工人修理工件过程中机器人可精确地定位工件

2. 智能机器会取代人类并伤害人类吗

智能机器的出现随之而来的现象便是机器取代人工，所以很多人担心随着制造业发展越来越快，机器越来越智能，会不会逐渐取代人类，让大多数工人失业呢？其实不然，智能制造不是简单的机器换人，也不是单纯的取代，而是强调"人机结合"，强调利用人的知识去弥补个体能力的不足，强调生产需要满足客户的个性化需求。每个行业都有各自的特点，所以相互之间就会存在很大的差异，智能制造的实现流程也就各有不同，例如化工、食品等行业，本身有较为完整的生产流水线，自动化水平相对较高，所以接下来这些行业的企业需要做的是，如何通过先进的智能制造技术推进能源管理、生产计划优化以及设备有效管理。另外，可能在某些产业，企业引进智能制造技术，使用工业机器人代替了人工，主要从事艰苦、复杂、危险的工作，但这只是智能制造系统中很小的一部分。也就是说，这是一个互相包含和互相促进的关系。如果真的要达到更高智能机器取代更多行业人工的程度，那么就会需要更多高素质的人才参与研发，所以"人"才是基础，也是核心。

还有一些人担心智能机器在工作中会伤害人类，其实在整个机器人行业中，工业机器人的安全规范相对健全。随着商业级和消费级机器人的不断发展壮大，相关的标准也正在逐步完善。一般协作机器人在工作时，内置的传感器会监控运行速度和输出力矩，如果与人员发生碰撞，会立刻停止机器人的运行，保证机器人的碰撞力和对外输出的能量不超过一定的限值，防止对人体造成严重伤害。

第七节　智能制造的实施与企业数字化转型

1. 何为企业数字化转型

使用数字化工具从根本上实现转变的过程，是指通过技术和文化变革来改进或替换现有的资源。数字化转型并不是指购买某个产品或某种解决方案，而是会影响企业中涉及 IT 的所有要素。

中国的很多制造企业要么激进要么蜷缩，不能根据自己的现状制定一个行之有效的智能制造和企业数字化转型战略。中国现在需要的不是一场以"企业数字化转型"为名的运动，而是一场全面的制造业复兴。

转型是指在熟悉的轨道上做创新，创新未必只有高科技一条道路，传统行业照样可以进行创新。转型关键在于价值创新，为整个产业链赋予新的价值，没有了价值创新，"转型"只能沦为"转行"，转型和创新都需要有专注于自身行业的"笨人"，持之以恒。

2. 企业数字化转型和智能制造实施原则

我国制造业发展参差不齐，有些企业的产业水平比较高，可能已经达到了数字化和智能化，但是有些企业还处在一个水平比较低端的人工作业阶段。

我国目前仍处于"工业 2.0"（电气化）的后期阶段，"工业 3.0"（信息化）还有待全面普及，"工业 4.0"正在尝试尽可能多做一些示范，制造自动化和信息化正在逐步布局，相当于"工业 2.0 补课、工业 3.0 普及、工业 4.0 示范"时期。为此，有学者对准备实施企业数字化转型和智能制造的企业提出了如下建议：

（1）智能制造标准规范要先行；

（2）智能制造支撑基础要强化；

（3）信息物理系统（CPS）理解要全面；

（4）不要在落后的工艺基础上搞自动化；

（5）不要在落后的管理基础上搞信息化；

（6）不要在不具备网络化数字化基础时搞智能化。

第二章 工业软件

战略性新兴产业科普丛书（第二辑）·智能制造

第一节　智能制造的大脑和神经——工业软件

工业的自动化和信息化是智能制造的基础，而工业自动化和信息化的核心是工业软件。

1. 指挥和驱动智能制造的工业软件

软件是按照特定顺序组织的一系列计算机数据和指令的集合，是有关计算机系统操作的程序、规程、规则以及相应的文件、文档及数据。而专用于工业领域，指挥和驱动计算机操控得以实现相应功能的程序、规程、规则及其相关文档和数据就是工业软件。它专用或主要应用于制造和工业领域，提高企业的研发、制造、生产、管理水平和工业装备性能，为制造系统赋予智能。如果说智能化的制造设备、工夹辅具、机械手和机器人、生产线等硬件是智能制造系统的身体和躯干，那工业软件就好比智能制造的大脑和神经。

2. 工业软件的由来和发展

工业软件伴生于计算机在生产制造过程和工厂管理中的运用，其雏形是机床等设备的控制程序以及一些用于记账、计算和做电子表格的程序系统。

随后，在产品研究开发和设计领域，研发出了计算机辅助绘图软件、计算机辅助设计（Computer Aided Design，CAD）系统、计算机辅助制造（Computer Aided Manufacture，CAM）系统、计算机辅助工程分析（Computer Aided Engineering，CAE）系统、计算机辅助工艺过程（Computer Aided Process Planning，CAPP）系统、产品数据管理（Product Data Management，PDM）系统等，还包括了可编程逻辑控制器（Programmable Logic Controller，PLC）、计算机数控（Computer Numerical Control，CNC）、柔 性 制 造 系 统（Flexible Manufacture System，FMS）中的应用软件等。

在企业管理方面，随着计算机开始在工业和制造中逐渐应用，从生产中的物料需求计划（Material Requirement Planning，MRP）发展出制造资源规划（MRP Ⅱ），到今天仍在广泛应用的企业资源规划（Enterprise Resource Planning，ERP）等。企业管理往上下游延伸又有了供应链管理系统和客户关系管理系统。另外，管理信息系统、办公自动化等管理软件也在工业企业中被普遍运用。

在生产执行和过程控制方面，除了与设备本身操作控制相关的嵌入式软件以及前述 PLC、CNC 等程序系统以外，在 MRP 基础上还派生出排产计划系统（Advanced Planning and Scheduling，APS）和制造执行系统（Manufacturing Execution System，MES），而流程工业的生产控制则依赖于分布式控制系统（Distributed Control System，DCS）、过程控制系统（Process Control System，PCS）等工业软件。

3. 工业软件的分类与应用

现在国际上通常用"企业级软件"的概念来综合定义各类工业软件，一般按照应用场景和技术特征进行分类：产品研究开发和设计；生产过程管理和控制（含工业装备嵌入式系统）；企业经营管理和企业内部及企业之间协同的信息管理。各类工业软件及其相互关系如图2-1所示。

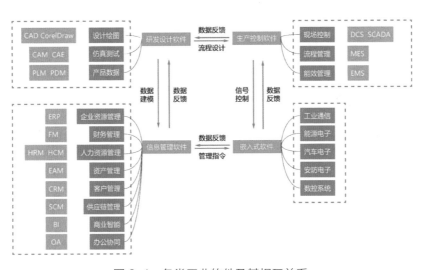

图 2-1　各类工业软件及其相互关系

在今天，工业领域中日益自动化、信息化的制造装备，生产过程的组织、控制，产品的检验监测，企业经营管理，制造的协同等，都已离不开计算机的操控。而专用于工业领域，使得这些计算机操控得以实现的程序、规程、规则及其相关文档、数据就是工业软件。它专用或主要应用于制造和工业领域，就像大脑和神经一样。

4. 智能制造中无处不在的工业软件

没有强大的工业软件，就没有强大的工业制造。在智能制造体系中，从互联网、物联网、增材制造、虚拟现实、信息安全等技术，到智能产品设计开发及服务，再到智能装备、生产线和智能工厂以及智能化的管理和决策，工业软件无处不在，具体如图 2-2 所示。

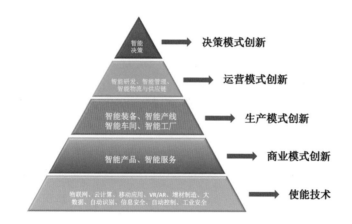

图 2-2　无处不在的工业软件

最终，企业决策也是通过整合了所有工业软件提供的数据、信息流以及建立在此基础上的分析而实现，具体如图 2-3 所示。

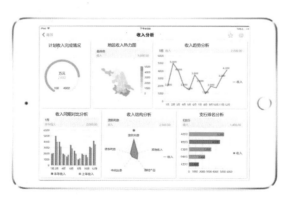

图 2-3　自适应多种终端的智能决策平台

我国从一穷二白发展成为世界制造大国，积累了海量的关键工艺流程、工业技术数据等信息。但由于自身工业软件羸弱而逐渐流失、大量损毁、无法利用甚至被窃取。没有自主可控的工业软件，就没有自主的智能制造，从制造大国迈向智造强国就是一句空话。发展智能制造，工业软件是核心！

第二节　产品是这样"精算"出来的——研发设计类工业软件

1.从"甩图板"说起

产品图纸是设计者、生产者进行交流的工程语言，是产品制造最重要的资料。在计算机绘图普及之前，产品图纸基本是在图板上，用铅笔、丁字尺、三角板等进行绘制，计算量和绘图工作量都很大，审核通过后还要晒成多份蓝图，再分发到相关部门组织生产制造。产品图纸的形成过程繁杂耗时，图纸的查找、重用、修改、保存、版本管理、任务协作等都极为不便，这类情形随着计算机技术应用而得到了改变。

20世纪90年代初，国家启动了"CAD（计算机辅助设计）应用工程"，以"甩图板"为突破口，示范引领，大力宣传和推广CAD技术，使产品设计发生了革命性的变化，提高了设计图纸的质量，缩短了产品设计周期，如图2-4所示。"甩图板"和"CAD应用工程"成效显著，为今天的智能制造奠定了重要基础。

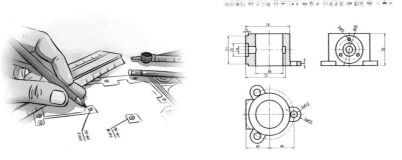

图2-4　手绘图与二维计算机绘图

2.研发设计类工业软件

研发设计是定义和制造产品的第一步，是产品创新和智能制造的重要环节。研发设计软件是在网络和计算机辅助下，对产品的设计、分析、制造等过程提供技术辅助，研发设计软件贯穿产品设计和制造的全过程，主要包括 CAD、CAM、CAE、CAPP、PDM、PLM 等。几乎每一件工业产品，都是上述软件"精算"的结晶。

3. 数字化设计和制造的利器——CAD/CAM 系统

（1）CAD——计算机辅助设计

CAD 在早期是英文 Computer Aided Drafting（计算机辅助绘图）的缩写，随着计算机软硬件技术的发展，人们逐步认识到单纯使用计算机绘图还不能称之为计算机辅助设计，真正的设计涉及整个产品，包括产品构思、功能设计、结构分析、加工制造等，于是 CAD 的缩写拓展为 Computer Aided Design。

CAD 系统是由计算机软硬件构成的人机交互系统，可以辅助工程师完成产品的设计、分析、建模、绘图等工作。目前，流行的 CAD 技术主要包括以 Pro/Engineer 为代表的参数化造型理论和以 SDRC/I-DEAS 为代表的变量化造型理论，基本代表了当今 CAD 技术的发展方向。CAD 技术发展历程及其对比见表 2-1。

表 2-1　CAD 技术发展历程

20 世纪 60 年代	20 世纪 70 年代	20 世纪 80 年代	20 世纪 90 年代
曲面造型技术	实体造型技术	参数化造型技术	变量化造型技术
曲面造型技术使 CAD 迈入了三维时代，通过基本的几何信息线框，实现三维实体产品模型。	实体造型技术能够精确表达零件的全部属性（质量、重心、惯性矩等），可实现零件的质量计算、有限元分析等，给设计人员带来很大方便。	参数化造型技术是用参数来定义模型（例如尺寸），参数可以进行修改，实体模型会同步改动，从而实现尺寸驱动设计修改。	允许设计工程师对三维数字产品进行实时操作，就如拿捏橡皮泥一样，可以随意改变零部件的形状。

（2）CAM——计算机辅助制造

狭义的 CAM 概念就是计算机辅助数控编程，广义的 CAM 概念还包括 CAPP（计算机辅助工艺规划）等。CAM 系统主要涉及数控编程系统和数控加工设备，其中数控编程系统一般包括零件加工的轨迹定义、加工过程的仿真、生成数控代码（NC 代码）等功能，数控加工设备的任务是接收数控代码，并按照数控代码进行零件加工。CAM 系统的主要工作过程：通过 CAD 设计的零件模型，在 CAPP 中形成数控加工工艺，然后在 CAM 中生成数控加工代码，从而控制数控机床完成零件的加工，如图 2-5 所示。

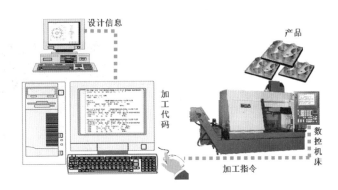

图 2-5　计算机辅助制造（CAM）示意

4. 图纸到产品的数字桥梁——CAPP 系统

工艺就是对各种原材料、半成品进行加工、装配或处理，使之成为产品的方法和过程。计算机辅助工艺规划（CAPP）就是利用计算机技术辅助工艺师完成零件从毛坯到成品的设计和制造过程，是将产品的设计信息转化为制造信息的一种技术。通过向计算机输入被加工零件的几何信息（形状、尺寸等）和工艺信息（设备、工序、工装等），计算机自动输出经过优化的工艺规程卡片，其信息交互过程如图 2-6 所示。

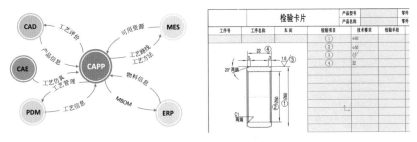

图 2-6　CAPP 及其应用的信息交互过程

5. 产品辅助分析的好帮手——CAE 系统

计算机辅助工程（CAE）是对产品的静态强度、动态性能等在计算机上进行分析、模拟仿真的计算机系统。在产品设计阶段就引入CAE，可以提前发现和修改设计错误。常见的工程分析包括对产品的动、静态特征的性能分析；对产品的应力、变形等的结构分析。在计算机辅助工程分析所采用的技术中，有限元分析技术是最重要的工程分析技术之一，广泛应用于弹塑性力学、断裂力学、流体力学、热传导等领域，并产生了许多商用的有限元分析软件。典型的 CAE 分析界面如图 2-7 所示。

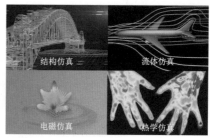

图 2-7　计算机辅助工程分析（CAE）

6. 产品数据的大管家——PDM 系统

产品数据管理（PDM）系统是管理所有与产品相关的信息和过程的技术，使产品数据在其生命周期内保持版本一致，并能对产品设计流程和人员的权限进行统一管理。与产品有关的信息如 CAD/CAE/CAPP/CAM 的文件、物料清单（BOM）、产品订单、供应商信息等，以及与产品相关的过程如设计的审定与修改、图纸的变更与发放等流程。图 2-8 所示为某发动机产品数据管理中的零部件分类管理与搜索。

图 2-8　零部件分类管理与信息搜索

第三节　有序生产在于统一指挥——生产控制类工业软件

1. 用数据驱动生产运营——MES 软件

制造执行系统（MES）是一套面向制造业企业车间执行层的生产信息化管理系统，从计划管理到实际生产，有利于形成制造生产过程中的闭环反馈，增强企业生产过程中实时信息的交互，强化了生产决策的科学性和可行性。

MES 主要功能模块包括：订单管理、物料管理、计划排程管理、生产调度管理、生产过程控制、质量管理、库存管理、成本管理等。MES 是 ERP 系统计划层与车间现场执行层之间的关键纽带，其主要作用是保障车间生产调度管理有效执行，车间智能生产管理示意如图 2-9 所示。

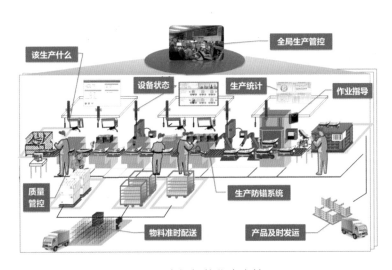

图 2-9　车间智能化生产管理

2. 工业控制的核心——DCS、SCADA、PLC 系统

（1）DCS——分布式控制系统

分布式控制系统（DCS）通过统一的通信协议将分布在不同区域工业现场的控制站、控制中心的操作员站和工程师站集成在一起，实现对现场生产设备的分散控制和集中操作等功能，这是在集中式控制系统基础上发展演变而来。

DCS 系统由硬件和软件两部分组成，通常采用模块化的方法进行开发，用搭积木的方式将各种系统基础模块按需求组合应用，这个过程被称为系统的组态，组态开发使 DCS 系统具有配置灵活、开发简洁的特点。

DCS 系统的体系架构如图 2-10 所示，其中硬件包含了各种控制设备、通信设备、各类终端显示器、操作站和工程师站等。

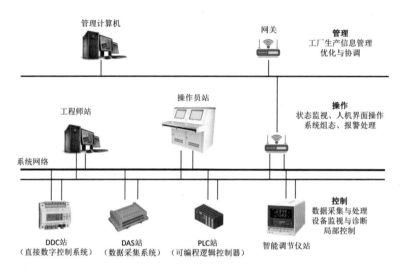

图 2-10　DCS 体系架构

（2）SCADA——数据采集与监视控制系统

SCADA（Supervisory Control And Data Acquisition）指分布式的数据采集与监视控制系统，经常应用于测控点比较分散，分布范围非常广的生产过程。SCADA 与 DCS 系统之间的显著区别是分布范围方面，DCS 系统面向对象通常为单个工厂，设备分散在工厂的不同区域，全厂采用统一的通信协议和通信方式，主要应用于过程控制类行业，例如发电、炼油、食品和化工等。而 SCADA 的设备通常地理位置高度分散，主要利用广域网、卫星、电话网等各类远程通信技术将地理位置分散的远程测控站点进行集中监控，系统规模大，现场站点多，通常应用于远程监控行业，例如水处理厂、氯化、泵站、石油和天然气管道、电力电网、轨道交通运输系统等。

SCADA 系统基本架构由三部分组成，其中调度控制中心通过主端调度装置对各站场进行控制，各站场通过远程终端装置（RTU）接收和响应控制中心的命令，控制中心和站场通过通信系统进行连接。通过 SCADA 软件可对任意设施进行持续监测，也可对这些设施进行操作控制，相应的典型结构如图 2-11 所示。

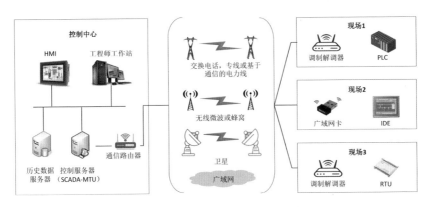

图 2-11　SCADA 系统典型结构

SCADA 软件也是典型的组态软件，其组成部分包括人机接口（HMI）、监控组态、实时数据库、历史数据库、PLC 组态等，主要实现以下功能：图形监控、视频监控、数据展示、系统状态模拟、数据采集和分析、历史数据分析、报警、控制和保护功能、报表输出等。

（3）PLC——可编程逻辑控制器

可编程逻辑控制器（PLC）是为在工业环境中应用而设计的数字运算操作电子系统，其按照预先设置的逻辑计算功能对输入信号进行处理，执行计算程序后将结果转换成输出信号。在实际应用中，输入信号通常来自按钮、开关等操控器件以及温度、压力等各类传感器，输出信号则传递给各种执行元件。PLC 被大量应用在工业自动化系统中，主要承担了如 DCS、SCADA 等生产控制系统的底层控制站的过程控制任务，通常也把 PLC 称为下位机，而把用于管理的 PC 机称为上位机。如图 2-12 所示为某型号 PLC 产品的外观照片。

PLC 是专为工业化运作设计生产的控制器件，具有可靠性强、功能丰富、使用简单、维护方便、编程容易等特点。

目前全球有 200 多家 PLC 厂商，其中比较知名的包括西门子、罗克韦尔、三菱电机、施耐德、欧姆龙、GE 等，国产品牌有信捷电气、汇川技术、英威腾、南大傲拓等。

图 2-12　可编程逻辑控制器

第四节 心中有"数"的企业管理——经营管理类工业软件

以数为基础、以物为支撑、以境为场景、以人为本的智能管理，将通过广泛的应用人工智能专家系统、知识工程、模式识别、人工神经网络、数字仿真和虚拟现实等技术实现。目前的经营管理类工业软件还没有完全达到智能制造的要求，但已经成为现在制造企业运行和实现智能制造的基石，是采集和整合经营管理和战略决策的数据、流程、方法、知识，进而走向智能管理的基础。其中，被广泛应用的就是企业资源规划（ERP）软件以及延伸到上下游的供应链管理（SCM）和客户关系管理（CRM）系统。

1. 企业的大管家——ERP 软件

制造型企业通常以"职能体系"和"业务体系"来实行管理，具体包括生产管理、采购管理、营销管理、人力资源管理、财务管理、设备管理、行政管理等。ERP 系统就是为上述企业职能和业务管理充当大管家的工业软件，常用 ERP 软件的功能结构（以 SAP S/4HANA 软件为例）如图 2-13 所示。

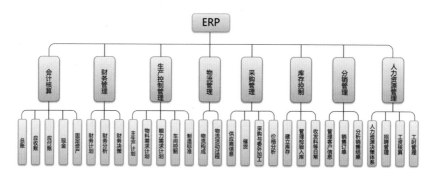

图 2-13　ERP 软件功能结构

国外的 ERP 软件起源于 20 世纪 60 年代提出的 MRP（Material Requirements Planning，物料需求计划）概念，其功能是保证物料及时送达生产现场。MRP 管好物料后，企业还需要管好设备，组织生产并调度好资源，于是除了物料计划，还要考虑生产能力计划，这就形成了所谓的"闭环 MRP"。再后来，还需要考虑资金、人力资源等要素，诞生了新的 MRP 即"Manufacturing Resource Planning"（制造资源计划），并称为 MRPII。20 世纪 90 年代，MRPII 系统开始扩展到财务，再延伸至采购和销售，逐步涉及企业大部分管理职能，从而形成了覆盖全企业的管理信息化应用软件，命名为企业资源规划（Enterprise Resource Planning，ERP）系统。ERP 概念引入我国后，从二十世纪八九十年代财政部推行会计电算化而研发推广的大量财务管理软件，和国内早期的 MRPII，这两类管理软件均分别不断扩展到覆盖企业其他管理功能，并形成了国产 ERP 软件，逐步占领了我国低端管理软件的大部分市场。而至今高端的 ERP 软件市场仍以国外软件为主。

2.制造的上下游之链——SCM 软件

互联网的发展和电子商务的兴起，在企业 ERP 软件基础上，管理从内到外延伸到从生产到发货、从供应商到顾客的每一个环节，包括供应、需求、原材料采购、市场、生产、库存、订单、分销发货等的管理全链条，就形成了供应链管理（Supply Chain Management，SCM）系统。供应链管理体现了对企业整个作业流程的优化，把企业制造过程、库存系统和供应商产生的数据合并在一起，从一个统一的视角展示产品制造过程的各种影响因素，整合并优化了供应商、制造商、零售商的业务效率，使商品以正确的数量、正确的品质，在正确的地点、以正确的时间、最佳的成本进行生产和销售。常用 SCM 软件的功能如图 2-14 所示。

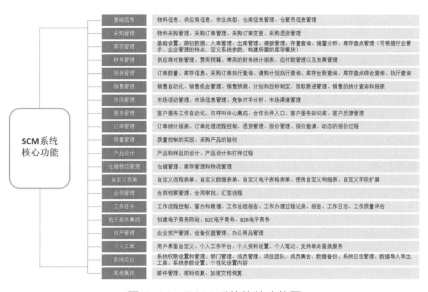

图 2-14　SCM 系统软件功能图

供应链管理运用互联网，通过建立供应商与制造商之间的战略合作关系，以中心制造厂商为核心将上游原材料及零配件供应商，下游经销商、物流运输商及产品服务商，以及往来银行结合为一体进行整合，形成企业赖以生存的商业循环系统。SCM 是一种决策智能型软件，它的功能主要在于整合整个供应链信息并进行规划决策，以达到整个供应链的最佳化，也就是在现有资源下努力实现最高客户价值。SCM 将单一企业的管理拓展到企业间的协同优化，可以增加预测的准确性；减少工作流程周期，提高生产率，降低供应链成本；减少总体采购成本，缩短生产周期，加快市场响应速度；减少库存，提高发货供货能力等。进而实现企业对最终顾客和市场需求的更快速响应，提高企业产品的市场竞争力。

3. 企业联系客户的纽带——CRM 软件

在 ERP 的基础上，借助互联网和电子商务的发展派生出的另一个应用系统，就是客户关系管理（Customer Relationship Management，CRM）软件。

最早提出 CRM 概念的美国技术咨询公司 Gartner Group 认为：CRM 是一项营商策略，通过对客户的主动选择和管理实现企业最大的长期价值；CRM 为填补企业在获取、增长和保留客户方面的缺口来发展和推广营商策略和支持科技，以改善包括客户和潜在客户基础的资产回报。CRM 的建立有助于对客户的全生命周期进行管理，感知客户的变化与需求，能够更加有效地进行精准服务，全方位提高客户的满意度。

CRM 软件主要包括客户信息管理、市场营销管理、销售管理、服务管理与客户关怀等主要功能，如图 2-15 所示。

这些功能不是简单的数据记录和存储，而是能够提供客户的精准分类、辨识和评判，客户活动和状态追踪，销售线索和业务机会管理，销售预测、分析、仪表盘和成效评价，交易阶段、产品、竞争、报价，服务全过程管理等。通过这些实现提高客户满意度、降低客户流失率、增加销售成功率等目标。

图 2-15　CRM 软件功能图

第五节　"软件定义一切"的未来智造——工业软件的发展趋势

伴随机械和工业出现的制造业及制造科技的发展范式，迄今发展了约 300 年，历经传统制造、现代制造及智能制造相叠加发展的三个阶段。一直在持续发展着的传统制造范式是"零部件定义机器"；近40 年来兴起，至今已逐渐成熟的现代制造范式是"软件成为机器零部件"，工业软件是制造的核心零件、部件、组件；当前乍现端倪的智能制造新范式则是"软件定义机器、软件定义制造、软件定义一切"。

1. 工业软件赋能现代制造

自 20 世纪 70 年代以来，由于计算机技术日益在工业和制造中发挥重要作用，工业软件不仅成就而且已经成为现代制造中不可或缺的机器"零部件"或核心组成部分。工业软件通过"甩图纸"和"甩账表"，到集成企业产供销、人财物、研发设计、过程控制的信息、流程、价值，再到企业间、供应链、整个产业生态的协同和价值互联等，全面为现代制造赋能，如图 2-16 所示。

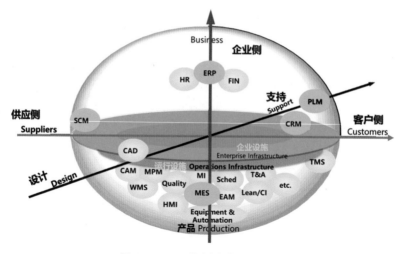

图 2-16　现代制造中的工业软件

2. 工业软件定义智能智造

近年来，工业4.0、工业互联网、信息物理系统、智能工厂、3D打印、机器换人、无人车间等名词术语在工业界层出不穷，充分显示着工业体系开始从"软件成为机器零部件"的现代制造范式，向"软件定义机器、软件定义制造"的制造范式转型。众所周知，智能制造是基于新一代信息技术，贯穿产品设计、生产控制、经营管理、客户服务等制造活动的各个环节，具有控制精准自执行、信息深度自感知、智慧优化自决策的先进制造过程、系统和模式的总称。

在集自动化、信息化、智能化为一体的智造模式中，产品结构、产品生命周期、产品运行状态、产品设备运维、设备数据采集、生产工艺、作业原理、制造场景、数字孪生等，无不为软件所定义和驱动。软件不仅定义了零件、材料、产品，也定义了工装、工艺、装配、产线、流程、供应链，还定义了产品使用场景、维护与升级、客户、销售，更定义了企业，可以说工业软件定义了智能制造的一切。

3. 工业软件主导未来智造

未来十年，工业软件将主导未来智造，产品研发设计将采用更先进的增强现实（AR）与虚拟现实（VR）技术，造型随意、调整实时、协同度高，传输的不是图纸而是全息的三维或四维数字模型。基于CPS（信息物体系统）的智造模式为所有零部件和设备都附加了数字映射的数字虚体，所有车间的产品、设备和过程数据，在软件的驱动下，高速、有序且自动流动着。智造中软件运行着的所有工作过程是并行、立体、可多视图展示的，不确定性被有效削弱甚至消除。包括了个体的灵活动态的单元企业组织，边界日益模糊，流程重构，管理被自组织化。工业互联网和人工智能、制造技术的深度融合，并行、并发、一体化、智能化的制造，高速有序流动的数据，高度互动和协同的工作环节，优化和精准有效分配的生产资源，将使企业和整个智造生态以及全社会获得极高的运行效率。而工业软件正是这一切的使能技术和基本工具。

第三章　制造物联

1. 制造孤岛

当前，我国制造企业为解决用工紧张、产品加工质量不高和人力成本增加等现实问题，不断加大高档设备和自动化生产线的投入。在现代化工厂中，可编程逻辑控制器（Programmable Logic Controller，PLC）、工业控制计算机（Industrial Personal Computer，IPC）、集散控制系统（Distributed Control System，DCS）等典型工控系统已广泛应用。力传感器、温度传感器、电流传感器、速度传感器、视觉传感器等各类传感器也应用于自动化生产中，这些工控系统和传感器承载着制造过程的主要信息。由于控制系统生产厂商为保护各自知识产权及企业利益，系统之间的功能相对独立，采用不同的通信标准和协议，不能完全集成在一起，造成生产设备、制造单元与管理系统相互分离，形成了一个个制造"孤岛"。

2. 什么是制造物联

制造物联（Internet of Manufacturing Things，IoMT）正是打破制造孤岛、建设智能车间和智能工厂、实现智能制造的关键，是物联网技术与制造过程的融合，是物联网在制造领域的深化应用。

物联网（Internet of Things，IoT）是麻省理工学院自动标识中心在 1999 年提出的，其目的是把所有物品通过无线射频识别（Radio Frequency Identification, RFID）等信息传感设备与互联网连接，实现物品的智能化识别和管理。2005 年，国际电信联盟（International Telecommunications Union, ITU）给出了物联网的定义：通过一维码识别设备、射频识别装置、红外感应设备、全球定位系统和激光扫描器等信息传感设备，按约定的协议，把任何物品与互联网相连接，进行信息交换和通信，以实现智能化识别、定位、跟踪、监控和管理的一种网络。其含义是"物－物相连的互联网"。

目前，对制造物联还没有明确的定义，国内普遍认可的定义是：将网络、嵌入式、RFID、传感器等电子信息技术与制造技术相融合，实现对产品制造与服务过程及全生命周期中制造资源与信息资源的动态感知、智能处理与优化控制的一种新型制造模式。制造物联的目标是实现制造现场物料及生产过程的信息集成，并借助物联网技术，对制造过程进行智能监控及生产管理，如图 3-1 所示。

图 3-1　制造物联示意

3. 数据是实现制造物联的关键

广义上的制造涵盖产品研发、企业资源管理、产品工艺、生产过程、市场营销、售后维护等多个方面，涉及的制造数据范围庞大。狭义上的制造是指将原材料加工成产品的生产过程。在不同行业、不同应用场景中，对制造数据的分类也不尽相同。但总体看来，主要包括设备数据、制造过程数据、产品质量数据、环境数据等。

（1）设备数据：设备运行状态信息、实时运行参数信息、故障信息、维修 / 维护信息、能耗信息等。通过设备数据，可以实现设备状态监测、故障预报、故障诊断、设备利用率和故障率统计、能耗监测以及仿真模型的实时驱动等。

（2）制造过程数据：产品加工时间、加工数量、加工进度、工艺参数、加工人员、物料信息等。该类数据主要用于生产过程监测、产品不良原因分析、人员作业统计、物料信息统计以及产品追溯等。

（3）产品质量数据：产品质量信息、工艺质量信息等。产品质量信息包括外观质量信息和功能性质信息，主要是利用检测设备获得的检测数据。工艺质量信息是指每道工序的加工质量，此类数据可用于产品生产数量与合格率统计、产品追溯等，也可为加工工艺参数优化等深层次应用提供数据支撑。

（4）环境数据：温度、湿度、噪声、振动等。主要用于对外部环境要求较高的制造系统中，用来监测并控制周围制造环境。

需要说明的是，信息流往往是双向的，不仅可以采集设备运行参数，同样也可以通过设备通信接口修改设备运行参数，从而达到控制设备的目的。

4. 如何获得必要的制造数据

（1）通过设备终端提供的接口进行采集：随着设备水平的不断提升，制造设备多数都提供了数据接口，借助通信协议可完成设备状态及实时运行参数的采集。例如，数控机床的网卡、工业机器人的通信板卡、自动化设备的 PLC 等。

对于三坐标测量机等检测设备，需要与其他设备进行集成，通过其他设备的数据输出接口读取产品检测信息。

（2）通过传感器或智能传感器进行采集：对于通过设备信息接口无法直接获取的制造数据、无数据输出接口的老旧设备有关信息、产品质量信息以及环境数据等，需要安装不同类型的传感器完成各类信息采集。这些传感器有的可以集成到相应的设备中，但多数需要独立安装传感器。例如，产品外观质量的检测，就需要增加视觉检测系统等。

（3）通过自动识别外围终端采集：对于物料、产品、操作人员的识别等，采用 RFID 射频自动识别目标对象并获取相关数据，可以将 RFID 直接安装在人、物、产品上，也可以通过安装在载物托盘上来识别产品等。

（4）通过人工终端进行采集：对于不能实现自动采集的生产工位，需通过现场工位机、移动终端、扫码枪等数字化设备进行数据采集。例如，用于标识人、机、物、料身份的一维/二维码需要采用扫码枪进行采集；制造过程中一些人工目视检测的工序，需要通过现场工位机进行检测结果确认。

第二节　人机料物的"身份"——物联网对象标识

1. 物联网对象需要"身份"

在智能车间和智能工厂中，对于能够联网的设备，一般通过 IP 找到并识别。对于操作人员、物料、生产过程中的产品（物）和"聋哑"设备等，需赋予他们特定的"身份"来识别和获取有关信息。例如，日常见到的商品条形码就是商品的"身份"，通过手机扫描条形码就可以获得商品的具体信息。

2.物联网对象标识的基本概念

物联网对象标识是用来标识物联网对象"身份"的"证件",是按一定规则赋予物品的易于机器识别和处理的标识符或代码。通过物联网对象标识,可以实现物的数字化。

物联网对象(物品)标识要具有唯一性,相关的技术标准有EPCglobal的电子产品代码(Electric Product Code, EPC)系列规范、UIDCenter的泛在识别(Ubiquitous ID, UID)系列规范等。我国在GB/T 31866-2015中也提出了自己的物品编码(Entitycode for IoT, Ecode)物联网标识体系,其模型如图3-2所示,具体包括编码、标识、识别、解码等过程和环节,从而实现物品信息的生成、转换、传输及处理。"编码"即给物品赋予代码的过程;"标识"是将代码转换成符号、标记或数据报文的过程,可以将代码转化成条码符号,也可以将代码转化成二进制数据报文写进RFID标签中的芯片;"识别"就是对标识信息进行处理和分析,实现物品辨识;"解码"是将代码还原为物品自己属性信息的过程,是编码的反过程。

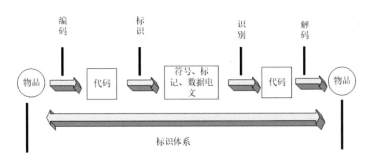

图3-2　物品标识体系参考模型

3.物联网对象标识在智能制造中的作用

(1)便于物料和产品的入库、出库及库存盘点,提高仓库作业能力,简化操作流程,并且有利于仓库的可视化管理;

(2)便于对产品的识别和跟踪,监测产品加工进度;

(3)通过物联网标识可以实现产品质量信息、制造信息和原料信息的关联,利于实现产品质量管理和追溯;

(4)便于设备的分权管理(不同等级员工具有不同权限)、信息查询与维护;

(5)便于员工业绩统计。

4.制造领域常用的物联网标识技术

（1）一维条码

一维条码已广泛应用于超市、资产管理、物流等领域，节省了大量人力物力资源，提高了社会信息化水平。作为比较成熟的自动识别技术，一维条码技术为物联网中物品编码的标识提供了支撑，基于一维条码技术形成的各类信息系统和数据库也为物联网提供了丰富的信息资源。

（2）二维条码

二维条码又称二维码，是在一维条码基础上诞生的一项衍生技术，可承载更多数据量，能够标识数字之外的 ASCII 字符、汉字、日文、韩文等。由于信息容量大，又被称为"便携式数据库"，还可以引入加密和纠错机制，具有恢复条码污损符号信息的能力，大大提高了条码扫描的可靠性。常用二维码包括 PDF417、QR 码、Data Matrix 码、MaxiCode 码等，按构成可分为行排列式二维码和矩阵式二维码两种类型。

（3）射频识别

射频识别（RFID）又称无线射频识别，是一种非接触式的自动识别技术，通过射频信号自动识别目标并获取相关数据，识别工作无须人工干预，可用于各种恶劣环境。目前，RFID 是制造物联的重要组成部分，是物联网对象与网络连接的主要手段之一。最基本的 RFID 系统主要由读写器（Reader）、应答器（Transponder）、天线（有时内置）及支撑软件共同组成，如图 3-3 所示。

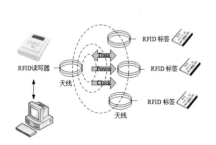

图 3-3　基本 RFID 系统构成

RFID 读写器，也称阅读器，通过天线与 RFID 电子标签进行无线通信，可以实现对标签识别码和内存数据的读取或写入操作，将对象标识信息连带标签上其他相关信息传输到主机以供处理。

RFID 应答器是读写器操作的对象，也可以称为射频标签、电子标签或射频卡片，是被标签物体信息或数据的载体。标签的形状和体积各不相同，体积可以小至一颗米粒大小，一般可以弯曲却不会损害内部存储的数据，极易安装在塑料、橡胶、纸质、纺织等材料中。

RFID 应用支撑软件除了标签和阅读器上运行的软件外，介于阅读器与企业应用之间的中间件也是一个重要组成部分，主要任务是对阅读器读取的标签进行过滤、汇集和计算，减少从阅读器传往企业应用的数据量。

根据电子标签的供电形式，分为有源和无源两类。有源电子标签使用电池的能量，识别距离较远，可达几十米甚至上百米，但寿命短、成本高，而且由于自身带有电池，因此体积较大，无法制成像信用卡一样的薄片。无源电子标签不含电池，利用耦合的读写器发射的电磁场能量作为自己的能量，质量轻、体积小、成本低，但识别距离受限制，一般为几厘米至几十米。

根据电子标签的数据调制方式，分为主动式和被动式。一般而言，无源电子标签是被动式，有源电子标签为主动式。主动式射频识别系统识别距离较远，被动式射频识别系统识别距离较近。

与条形码相比，RFID 技术具有很多优势：可以定向或不定向地远距离读取或写入数据，无须保持对象可见；可以透过外部材料读取数据；可以在恶劣的环境中工作；可以同时处理多个 RFID 标签；可以存储信息量很大；可以通过 RFID 标签对物体进行物理定位等。但在有液体或者金属的环境，RFID 识别率会降低，在一些金属产品或者液体容器上，有时仍采用二维码。

第三节　制造物联的"五官"——传感器

1. 智能制造对传感器的需求

传感器（Transducer/Sensor）作为数据采集的前端，是智能制造的关键部件之一。制造过程中需要利用各种传感器监控生产过程中的各个环节，使设备工作在正常状态或最佳状态。有时需要通过大量传感器、数据处理单元和通信单元的微小节点构成传感器网络来感知制造信息。

用于智能制造领域的传感器不仅要具有足够的精度和稳定性，并且要满足抗振动、抗冲击，耐湿、耐温、耐酸碱等需求，其本身功耗和结构尺寸也会受到制造环境的限制。

如果将制造系统类比成"人"，那么计算机（控制系统）相当人的大脑，执行机构相当人的肌体，而传感器则相当于人的五官和皮肤。

所以有人把传感器形象地称为"电五官"，如图 3-4 所示。

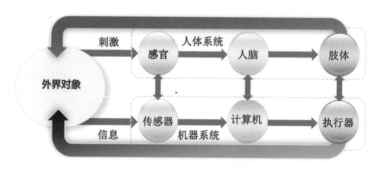

图 3-4　身体与传感器的对应关系

2. 传感器的定义及组成

国标《传感器通用术语》（GB/T7665-2005）将传感器定义为能感受被测量并按一定规律转换成可用输出信号的器件或装置。

传感器由敏感元件、转换元件、测量电路等组成。敏感元件又称为预变换器，用来感受被测量；转换元件将响应的被测量转换成电参量（如电阻、电容、电感等）；测量电路又称转换电路或信号处理电路，把电参量接入电路转换成电量，如图 3-5 所示。

图 3-5　传感器的基本组成

3. 传感器的分类

由于被测量种类繁多，传感器的工作原理和使用环境及条件各不相同，分类方法无法统一，常见分类方法主要有以下几种。

按被测对象分类：当测量位移、速度、加速度、温度、湿度、压力、质量、光线、气体等非电量时，相应的传感器被称为位移传感器、速度传感器、加速度传感器等。这种方法很直观地说明了传感器用途，便于用户选择所需传感器，缺点是将工作原理不同的传感器归为一类。

按检测原理分类：根据传感器工作时所用到物理、化学和生物效应等机理进行分类，主要分为电阻式，光电式（红外式、光导纤维式）、电感式、谐振式、电容式、霍尔式（磁式）、阻抗式（电涡流式）、超声式、磁电式、同位素式、热式、电化学式、压电式、微波式等。

这种方法便于专业人员从原理和设计上选择传感器，缺点是一般用户选择传感器时感到不便。有时会和被测对象结合在一起命名，如压电式位移传感器、电感式位移传感器等。

按传感器的转换原理分类：机-电传感器、光-电传感器、热-电传感器、磁-电传感器和电化学传感器等。

按输出信号的性质分类：模拟式传感器和数字式传感器。模拟式传感器将被测量转换成连续变化的电压或电流信号；数字式传感器将被测量转换为数字量。

按照传感器与被测对象的关联方式分类：接触式和非接触式。

按敏感元件与被测对象之间的能量关系分类：能量转换型（有源式、自源式、发电式）和能量控制型（无源式、他源式、参量式）。

按作用形式分类：被动型传感器和主动型传感器。被动型传感器只是接收被测对象本身产生的信号；主动型传感器对被测对象发出一定探测信号，通过检测探测信号在被测对象中所产生的变化，或者由探测信号在被测对象中产生某种效应而形成信号。

4. 传感器的主要性能指标

线性度：指传感器输出量与输入量之间的实际关系曲线偏离拟合直线的程度，用量程范围内实际特性曲线与拟合直线之间的最大偏差值与量程之比表示。

灵敏度：指输出量的增量与相应输入量的增量之比。

迟滞：指传感器在输入量由小到大及输入量由大到小变化期间其输入输出特性曲线不重合的现象。

重复性：指传感器在输入量按同一方向做全量程连续多次变化时，所得特性曲线不一致的程度。

漂移：指在输入量不变的情况下，传感器输出量随着时间变化的现象。

分辨力：指使输出发生可观测变化的最小输入增量。

阈值：指输入从零值开始缓慢增加时，输出发生可观测变化时的输入值。

5. 智能传感器

智能传感器（Intelligent Sensor）最早由美国宇航局在研发宇宙飞船过程中提出来，并于1979年形成产品。它是指带有微处理器并具有信息处理功能的传感器，具有采集、处理、交换信息的能力，是传感

图 3-6　智能光电传感器

器与微处理器相结合的产物。

　　与传统传感器相比，智能传感器具有更高精度、更好稳定性与更强的环境适应能力。例如，图 3-6 所示的罗克韦尔 RightSightM30 智能光电传感器可提供信号强度、位置、接近警报和定时功能，并能够实现联网，集成于智能制造系统中，直接向控制系统传输数据和诊断信息，大幅减少停机时间，提高工作效率。

　　智能传感器主要由基本传感器和信息处理单元组成，如图 3-7 所示。基本传感器是构成智能传感器的基础，决定着智能传感器的主要性能；信息处理单元以微处理器为核心，接收基本传感器的输出，并对该信号进行处理，例如标度变换、线性化补偿、数字滤波等，处理工作大部分由相应软件完成。

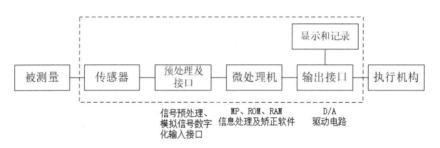

图 3-7　智能传感器的基本结构

　　在生产制造中，利用传统的传感器无法对某些产品质量指标（如黏度、硬度、表面粗糙度、成分、颜色及味道等）进行快速直接测量并在线控制。而利用智能传感器可直接测量与产品质量指标具有函数关系的生产过程中的其他量（如温度、压力、流量等），利用数学模型进行演算，可推断出产品的质量。

6.MEMS 传感器

　　微机电系统（Micro-Electro-Mechanical System，MEMS）传感器是指将微传感器、微执行器、微机械结构、微电源、信号处理和控制电路、高性能电子集成器件、接口、通信等集于一体的微型器件或系统，原理如图 3-8 所示。

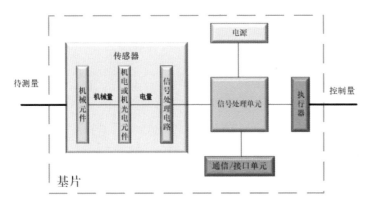

图 3-8 MEMS 传感器结构原理图

MEMS 传感器是利用集成电路技术工艺和微机械加工方法将基于各种物理效应的机电敏感元器件和处理电路集成在一个芯片上的传感器,具有体积小、质量轻、功耗低、可靠性高、适于批量化生产、易于集成和实现智能化等特点。一般尺寸在几毫米甚至更小,其内部结构一般在微米甚至纳米量级,如图 3-9 所示的微型压力传感器封装后的尺寸仅为 2mm × 2.5mm × 0.85mm。

图 3-9 微型压力传感器

第四节 制造物联的"经脉"——制造物联网络

1. 制造物联网络的主要特点

制造物联网需要感知的数据具有多源异构、制造现场复杂多变以及现场多源干扰等特点。多源异构主要表现在涉及人、物料、设备、生产过程、产品、服务等众多对象;制造现场复杂多变性由生产环境动态变化和制造资源快速流动等引起;多源干扰主要体现在制造环境具有强电磁干扰、金属介质、多障碍物、高温、高湿、强振动等特征。

感知数据的特点决定了制造物联的网络拓扑结构较为复杂,如图 3-10 所示,具有以下特征:

第三章 制造物联

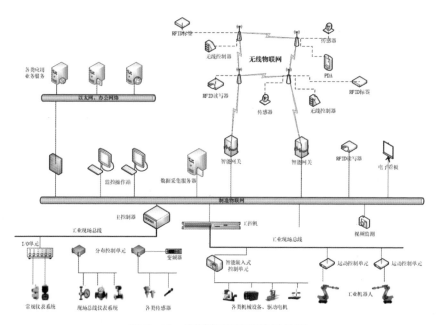

图 3-10　制造物联的网络拓扑图

（1）泛在感知：覆盖制造全流程，完成制造资源信息和产品信息感知；

（2）高度异构：集成各类传感器、驱动与控制系统、感知节点等；

（3）多网并存：有线、无线网络并存，传感网、互联网、工业以太网、现场总线并存；

（4）动态拓扑：感知节点随物联对象动态移动、信道可用性动态变化等。

2. 制造物联网络的层次结构

制造物联在架构上一般分为三层——感知层、传输层和应用层，如图 3-11 所示。

感知层位于制造物联的底层，实现对物理世界的智能感知识别、信息采集处理和自动控制，包括传感器、执行器、RFID、二维码、智能设备及控制系统等。

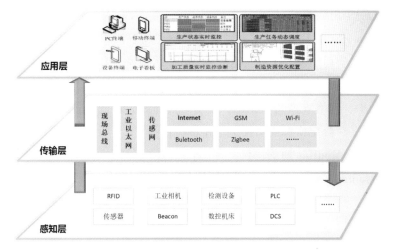

图 3-11　制造物联网络的层次结构

传输层位于制造物联的中间层，主要功能是实现感知层和应用层之间信息的可靠、安全传输，相当于人体结构中的"经脉"，其技术支撑主要包括工业现场总线、工业以太网、传感网、有线通信技术、无线通信技术及互联网技术等。

应用层位于制造物联的顶层，通过与行业专业技术的深度融合，利用经过分析处理的感知数据，为用户提供丰富的特定服务。

3. 工业现场总线 / 协议

（1）CAN 总线

CAN 是控制器局域网络（Controller Area Network，CAN）的简称，是一种有效支持分布式控制系统的串行通信网络，由德国 BOSCH 公司开发并认定为国际标准（ISO 11898）。CAN 总线适用于大数据量短距离或者长距离小数据量、实时性要求高、多主多从或各个节点平等的工业现场。

（2）ProfiBus总线

ProfiBus 是程序总线网络（Process Field Bus，ProfiBus）的简称，是一种用于工厂自动化车间级监控和现场设备层数据通信与控制的现场总线标准，1987 年由德国西门子公司提出，1996 年成为现场总线国际标准 IEC 61158/IEC 61784 的组成部分，2006 年成为我国的机械工业标准 GB/T20540-2006。ProfiBus 可分为 ProfiBus-DP 和 ProfiBus-PA 两种类型，ProfiBus-DP 主要用于加工自动化领域，ProfiBus-PA 主要用于过程自动化系统。

（3）EtherCAT 总线

EtherCAT 是一种以以太网为基础的现场总线系统，由德国倍福自动化有限公司研发，具有性能优异、拓扑结构灵活和组态简单等特点。EtherCAT 采用了以太网和互联网技术，可在 $30\mu s$ 内处理 1000 个分布式 I/O，网络规模几乎无限，可实现最佳纵向集成，各种以太网设备都可通过一台交换机或交换机端口进行连接。

（4）ModBus 通信协议

Modbus 由 Modicon（现为施耐德电气公司的一个品牌）在 1979 年提出，是全球第一个真正用于工业现场的总线协议。其核心是一个串行通信协议，采用主从模式，主机向从机请求数据，是短距离连接行业设备的标准协议。Modbus 协议支持传统的 RS-232、RS-422、RS-485 和以太网设备，许多工业设备（如 PLC、DCS、智能仪表等）都在使用 Modbus 协议作为通信标准。

4. 常用无线组网技术

根据数据采集和传感器分布不同，智能制造领域有多种无线组网方法，常用包括：行动热点（Wi-Fi）、窄带物联网（Narrow Band Internet of Things，NB-IoT）、远距离无线电（Long Range Radio，LoRa）、紫蜂协议（ZigBee）和蓝牙（Bluetooth）技术，互相对比见表3-1。

表 3-1　常用无线组网技术对比

组网技术	Wi-Fi	NB-IoT	LoRa	ZigBee	Bluetooth
组网方式	基于无线路由	基于现有蜂窝组网	基于 LoRa 网关	基于 ZigBee 网关	节点
网络部署	节点	节点	节点 + 网关	节点 + 网关	节点
传输距离	50m	远距离（10km-）	远距离（2km-）	短距离（10-100m）	10m
传输速度	2.4G：1-11Mbps 5G：1-500Mbps	160-250kbps	0.3-50kbps	160-250kbps	1Mbps
适用领域	户内	户外、大面积传感器应用	户外、大面积传感器应用	户内、小范围传感器应用	户内、小范围传感器应用

5. 物联网常用协议

（1）MQTT 协议

MQTT 是消息队列遥测传输协议（Message Queuing Telemetry

Transport，MQTT）的简称，是一种轻量级、可扩展的互联网协议，可以用于支持物联网全局通信。MQTT 专为物联网交互设计，通信对设备的资源要求低，保证了通信的高效性（支持低带宽网络）。相对于超文本传输协议（Hyper Text Transfer Protocol，HTTP）等，MQTT 网络开销非常小。同时，MQTT 允许定义服务质量，并且划分为最多一次发送（QoS 0）、至少一次发送（QoS 1）和只有一次发送（QoS 2）三个等级，通信质量由低到高，资源占用由少至多。

（2）CoAP 协议

CoAP 是受限应用协议（Constrained Application Protocol，CoAP）的简称，是一种在物联网世界的类 Web 协议，应用于资源受限的物联网设备。在当前由 PC 机组成的世界，信息交换是通过 TCP 和 HTTP 实现。但是，对于小型设备而言，实现 TCP 和 HTTP 协议显然是一个过高的要求，为了让小型设备可以接入互联网，CoAP 协议被设计出来。

6.区块链在制造物联中的应用未来可期

目前，制造物联的数据特别是控制数据传输的安全性需要提高，利用区块链智能合约可以实现机－机、人－机之间的合约执行，可以提高数据传输安全性。区块链能够通过制造物联网管理有关联的智能工厂从生产到用户服务的全过程，从而保证制造物联网采集的数据不可更改和可追溯。借助区块链技术，整机制造商可以实时了解零部件制造商的生产进度和生产质量。这些都是区块链在制造物联中的潜在应用热点，未来值得期待。

第四章 工业机器人

第一节 无人工厂初探——工业机器人的角色

"无人工厂"是指全部生产活动由计算机进行控制，生产第一线配备机器人而无须配备工人的工厂。如图4-1所示，无人工厂的"工人"大多是工业机器人，"他"具有运动速度快、定位精度高、耐力强、信息处理与运算能力快等优点。人类可以直接指挥控制工业机器人的运行，也可以按照人类预先编排的计算机程序运行。现代的工业机器人还可以根据人工智能技术制定的路线和规划,实现智能化、多功能化、柔性化的自动化生产或批量生产。

图 4-1 无人工厂与工业机器人

1. 工业机器人在智能制造系统中作用

智能制造是工业制造企业未来发展的必然趋势，也就是将生产、业务流程、管理模式等环节实现网络化、数字化、智能化，通过智能机器与人构建人机一体化智能系统，从而实现工厂智能运行。

工业机器人作为智能制造系统中的重要组成部分，最早应用于汽车制造行业，例如焊接、喷漆、上下料和搬运等，替代人工从事危险、有害、有毒、低温和高热等恶劣环境中的工作或繁重、单调的重复劳动。工业机器人在功能上具有通用性和适应性，并可与数控加工中心、自动搬运小车以及自动检测系统组成柔性制造系统和计算机集成制造系统，实现多品种、大批量的自动化生产。

2. 世界各国的工业机器人

为了促进经济快速持续增长，争夺科技竞争赛场主导权，美、德、日、法、韩等国家都将机器人视为科技和产业发展的重点方向，纷纷制定了各自的机器人发展战略和行动计划，如图 4-2 所示。

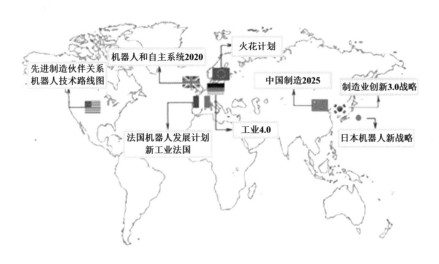

图 4-2　世界各国的机器人发展战略

据统计，目前全世界投入使用的机器人大约 100 万台，其中日本接近 40%，位居各国之首，具有发那科、安川电机、川崎重工等世界知名的机器人企业。而德国作为传统的机械强国，工业机器人的应用也极为广泛，在工厂服役的机器人约 20 万台，已经成熟应用于汽车制造、金属加工、电子电气等多个工业领域，同时在苗木种植、作物收割等农业领域的发展也十分迅速。中国的工业机器人产业起步于 20 世纪 70 年代，经过萌芽期和开发期，特别随着"中国制造 2025"战略实施，目前也已经进入大力推广应用阶段。

第二节　工业机器人能替代工人吗——工业机器人种类

1. 工业机器人的主要功能

根据工业机器人在智能制造系统中的应用，按其功能可以划分为焊接机器人、塑形机器人、装配机器人、搬运机器人、喷涂机器人等。

（1）焊接机器人

机器人焊接具有焊接质量好、工作效率高、焊接过程稳定性强等优势，而且还可以把工人从恶劣的工作环境中解脱出来。如图4-3所示，焊接机器人主要分为点焊机器人、弧焊机器人和切割机器人。点焊机器人是最早应用于工业加工的机器人，如图4-3（a）所示。弧焊机器人可以实现连续轨迹控制，具有焊接效率高、稳定性强等优势，能够满足长期焊接作业要求，如图4-3（b）所示。切割机器人在计算机控制下，完成复杂产品的切口加工，广泛应用于汽车、船舶、飞机等制造行业。图4-3（c）所示为激光切割机器人。

（a）点焊机器人　　　　（b）弧焊机器人　　　　（c）激光切割机器人

图4-3　焊接机器人

（2）塑形机器人

为了满足精密装配要求，机械零部件的外形尺寸需要严格控制，可以利用塑形机器人完成零部件外形塑造和加工，常见有打磨机器人和锻造机器人两大类。

如图4-4所示为打磨机器人，采用切削软件和机械加工控制技术，通

图4-4　打磨机器人

过主轴、刀库、转台等配置，技术人员可以根据被加工零件的粗糙度配置不同的机体和磨头，代替人工对铸件、钣金件、洁具、电脑笔记本、手机壳体等进行打磨和去毛刺自动化加工。

传统锻造生产主要由人工操作完成，属于简单重复性劳动，生产强度大、危险性高、质量不稳定。锻造机器人的出现可以代替人工，实现锻压生产过程中的连续上料、翻转、下料等工作，保证生产质量。图 4-5 所示为锻造机器人。

图 4-5　锻造机器人

（3）装配机器人

装配机器人主要分为组装机器人和包装机器人两大类。图 4-6 所示的组装机器人主要工作于自动化生产线，实现对零部件的装配和组合，具有加工精度高、柔顺性好、工作范围小、易于与其他系统配套使用等优点。

图 4-6　组装机器人

图 4-7 所示的包装机器人广泛应用于各类产品的包装过程，按功能可大致分为充填机器人、封口机器人、裹包机器人等。包装机器人不仅能提高包装效率，而且能够完成如真空包装、罐装、充气包装等一些手工无法完成的加工任务。

图 4-7　包装机器人

（4）搬运机器人

在制造工厂中，经常需要把原材料和零部件运送到不同地点进行加工处理，搬运机器人可以胜任这项工作，目前常见为自动导引车（AGV）、码垛机器人和分拣机器人等三种类型。

图 4-8 所示自动导引车（Automated Guided Vehicle，AGV），是指能够按照设定好的导引路径，自动完成工业应用中各种搬运任务的运输车。AGV

图 4-8　自动导引车

图 4-9 码垛机器人

图 4-10 自动选蛋机器人

图 4-11 自动喷涂机器人

在活动区域内无须铺设轨道，不受场地、道路和空间限制，具有行动快捷、工作高效、结构简单、安全可控等优点。

图 4-9 所示码垛机器人主要用于产品装卸，也就是将包装好的产品从生产线搬运下来，堆码在指定位置。码垛机器人结构简单、占地面积少、作业效率高，在现代生产和物流行业中被广泛应用。

分拣机器人是一种装备了传感器、物镜和电子光学系统的机器人，可以快速地进行货物分拣。物流公司使用分拣机器人扫描包裹上面的条形码，对物品信息进行甄别分类，极大地提高了物流效率。分拣机器人还广泛应用于农产品分拣领域，例如西红柿分选机、苹果分送机、自动选蛋器等。图 4-10 所示为自动选蛋机器人。

（5）喷涂机器人

喷涂机器人（又称喷漆机器人）是可以实现自动喷涂涂料或油漆的工业机器人。图 4-11 所示的自动喷涂机器人广泛应用于汽车、仪表、电器、陶瓷等生产企业。

2. 工业自动化生产

工业自动化生产按零件流向节拍可以分为抓取、上料、卸料、夹装、移动等。对于大批量零件的加工制造，工业自动化生产可以最大程度地节省人工成本，提高生产效率。工作流程开始后，所有工业机器人进行复位动作，将生产线的运行模式切换到自动运行模式，自动上料机将零件从进口取出，传感器将该信号传递给计算机主机，搬运机器人在取料处收到指令进行取料动作，并将零件运输到下道工序，工业机器人对零件进行一步步加工处理，加工完成的零件被搬运机器人运输到取料台上，由包装机器人进行包装和打标签等，最终成品由分拣机器人出库到存放区域。整个生产过程中，智能制造生产线上的机器人通过相应的程序设定，包括加工坐标的对准设置、载荷力大小设置、运送位置的校准等，均由中央控制计算机统一规划控制，确保各生产线井井有条且高效地运行。

1. 核心功能部件

（1）减速器

减速器主要由传动零件（齿轮或蜗杆）、轴、轴承、箱体及其附件组成，按照传动类型可分为齿轮减速器、蜗杆减速器、行星减速器及其互相组合而成的减速器，按照传动级数可分为单级减速器和多级减速器。工业机器人各个关节都需要应用减速机以匹配电机转速和扭矩，并增大关节负载能力。目前，工业机器人使用的精密减速器可分为谐波齿轮减速器、RV减速器、摆线针轮减速器和行星减速器等类型，具体分别如图4-12所示。

（a）谐波齿轮减速器　　（b）RV减速器　　（c）摆线针轮减速器

（d）行星减速器

图4-12　各种精密减速器

（2）伺服电动机

伺服电动机可分为直流、交流伺服电动机和步进电动机。交流伺服电机又分为异步伺服电动机和同步伺服电动机，分别如图4-13所示。作为工业机器人的执行单元，伺服电动机可以将控制信号转换成电动机轴上的角位移或角速度输出。伺服电动机及其驱动装置的性能决定了机器人的综合精度。目前，用于工业机器人的伺服电动机正朝着轻量化、小型化、高速化、精密化和安全化发展。

（a）直流有刷　　　（b）直流无刷　　　（c）交流感应异步
　　伺服电动机　　　　　伺服电动机　　　　　伺服电动机

（d）交流永磁同步　　　　（e）步进电动机
　　伺服电动机

图 4-13　各种伺服电动机

（3）控制器

工业机器人控制器是根据指令以及传感信息控制机器人完成一定的动作或作业任务的装置，包括硬件和软件两部分。硬件就是嵌入式微处理器控制系统，包括主控单元、信号处理和接口电路等；软件主要包括实时操作系统、控制算法、二次开发模块等。目前，工业机器人控制器正朝着开放性、可移植性、容错性、可扩展性和网络化方向发展。

2. 协作机器人

图 4-14 所示的协作机器人是一种可以安全地与人类进行直接交互和物理接触的机器人。近年来，随着人工智能技术的发展和工程应用，协作机器人的"五大感官"功能日益强大，具体包括交互（听/说）、

图 4-14　协作机器人

监控（视觉）、知识（记忆）、分析（思考）、服务（行动），开始应用于银行、餐饮、医院等服务领域。

3. 机器人反馈控制

机器人反馈控制主要是利用传感器反馈信息，进行机器人的自我调整，增强机器人控制的稳定性和准确性。目前，用于工业机器人的

传感器可分为内部传感器与外部传感器。内部传感器安装在机器人本体中，主要检测机器人本体的机内状态，检测到的信号用于伺服控制系统，包括位移、速度、加速度等传感器；外部传感器主要检测工作对象、工程环境，建立与工业机器人之间的联系，包括视觉、触觉、力觉、距离等传感器，例如基于力觉的力控制系统、基于视觉的视觉控制系统。工业机器人及其应用系统中常用传感器如图4-15所示。

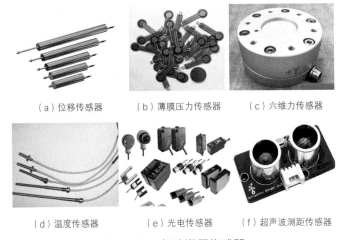

（a）位移传感器　　（b）薄膜压力传感器　　（c）六维力传感器

（d）温度传感器　　（e）光电传感器　　（f）超声波测距传感器

图4-15　各种常用传感器

第四节　机器人与你相伴而行——工业机器人未来发展

1. 工业机器人发展历程

第一代工业机器人为示教再现型机器人，根据已知程序或者在线示教进行运动，无论外界环境怎么样改变，都不会改变动作。图4-16所示为拖动示教机器人，该类机器人的典型特征是对外界环境没有感知。

图4-16　拖动示教机器人

目前广泛应用的为第二代工业机器人，具有感知能力，能对外界环境如力觉、触觉、听觉等信息进行一定程度的感知，来判断力的大小和运动的情况，然后做出自身调整。如前述图4-8所示的AGV自动导引车和图4-10所示的自动选蛋机器人都属于第二代工业机器人。

第三代工业机器人又称智能型机器人，属于未来发展的机器人。

利用各种传感器、测量器等来获取环境信息，然后利用智能控制技术进行识别、理解、推理并做出规划决策，通过自主行动实现预定目标。

图 4-17 所示为采用 VR 视觉和三维力传感器控制的机器人，结合了人和机器所提供的最佳功能，通过远程 VR 视觉和人类的感官触觉等感知机器人的工作环境和接触力等信号，使得操作者更安全、更高效地工作。

图 4-17　基于 VR 视觉的智能型外骨骼机器人

图 4-18 所示为某 AI 机器人公司展示的自适应机器人，结合了力觉控制及先进的 AI 技术。它具有优秀的视觉感知能力、力觉引导控制能力及灵活的任务规划能力，并且拥有极高的误差容忍度、强抗干扰性、强大的智能可迁移等特性。其机械臂能够在不确定的环境下高效工作，完成复杂曲面抛光、装配、插拔以及基于力觉的质量测试等任务。

图 4-18　自适应机器人

2. 人工智能与智能型工业机器人

作为新一轮产业变革的核心驱动力，人工智能成为影响未来制造业发展的重要技术。工业机器人在人工智能的助力下可以取代制造业流水线上的大部分工人，极大地提高生产效率。

人工智能技术的不断发展应用，使得工业机器人的控制能力和水平持续上升，通过人工智能和机器学习来解析数据，实现不断学习，进而对将要发生的问题做出判断和预测，实现工业机器人智能化工作。如图 4-19 所示，在工业互联网时代，生成的海量信息，可以通过智能化机器学习，建立庞大的数据库，用人工智能实现机器人的控制、决策、管理和运行，从而助推工业机器人发展。未来智能型工业机器人的最高阶段表现为只要告诉机器人的工作目标，机器人就能自主完成。

图 4-19　人工智能与智能型机器人

3. 由"机器人"到"人机器"的智能制造系统

由"机器人"发展到"人机器"的智能制造系统是一种面向产品全生命周期的由智能机器人和人类专家共同组成的人机一体化智能系统。通过大数据和智能制造高端装备在制造过程中以一种高度柔性与集成化的方式，借助计算机模拟人类专家的智能活动，进行分析、推理、判断、构思和决策等，从而取代或者延伸制造环境中人的部分脑力劳动，如图 4-20 所示。"人机器"的智能制造系统是智能型工业机器人的高级阶段，是未来工业机器人的发展趋势。

图 4-20　"人机器"的智能制造系统

第五章　虚拟制造

第一节　什么是计算机仿真

1.计算机仿真技术——从原型到替身

仿真是指通过系统模型的试验去研究一个已经存在，或是正在研究设计中的系统的具体过程。要实现系统仿真首先要找到一个实际系统的"替身"，这个"替身"被称为系统模型，它不是系统原型的复现，而是按研究的侧重面或实际需要对系统进行的简化提炼，以利于研究者抓住问题的本质或主要矛盾。例如，地球仪是地球原型本质的一种近似反映。

计算机仿真技术是以计算机为主要工具，以系统为研究对象，用仿真理论对系统模型进行试验研究的一门综合性技术，集成了计算机技术、网络技术、图形图像技术、面向对

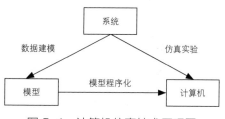

图 5-1　计算机仿真技术原理图

象技术、多媒体、软件工程、信息处理、自动控制等多个高新技术领域的知识。计算机仿真主要包括三个阶段：建立数据模型、数据模型程序化和仿真实验。具体如图 5-1 所示。

2.计算机仿真的优点及局限性

与物理实验相比较，计算机仿真有着很多无可替代的优点：

（1）仿真运行的过程可控性

由于计算机仿真是以计算机作为基础和载体的，在人为的控制和指令下进行整个实验过程，并且由计算机指令控制进程，如果出现突

发情形可以进行人为干预，这使得实验模拟过程自动化程度高且有较强的可控性。

（2）仿真时间的可控性

与传统物理实验相比，计算机仿真的一大优势就是在时间尺度上的可伸缩性，由于计算机仿真受人的控制，仿真时间可以由人来设定，从而节约了实验时间，提高了实验效率。

（3）仿真试验的可优化性

计算机仿真可以重复进行无限次的模拟实验，因此可以得到不同条件下的不同结果，不仅可以试错，还可以通过各种结果的相互比较，得到一个比较理想的问题解决方案。

计算机仿真技术同样有着事物的两面性，其局限性包括：

（1）仿真不是最优化技术

仿真只是针对各种不同的人为决策，通过反复试验比较得出的一个较好的结论，但是无法保证是最优的。

（2）仿真仅是一种辅助技术

计算机仿真是一种评价性的技术，无法自己产生决策和方案，仍然需要人参与进行最终决定和策划，或者是通过进一步发展的人工智能技术完成。

（3）仿真存在误差

在仿真建模和试验运行中，无法绝对复制实际系统，这种误差在其他定量分析技术中一般是不存在的。因此，计算机仿真需要验证。

3.计算机仿真技术的应用

计算机仿真技术由于其安全性和经济性，不仅在航空航天、汽车、原子能、建筑、电力等领域获得令人瞩目的发展，而且在系统设计与产品开发、生物医药、教育培训以及生活娱乐等各个方面也迅猛发展，广泛应用于社会经济、交通物流、生态环境等领域，特别是在高科技产品立项、论证、设计、试验、生产、销售等环节都少不了计算机仿真的应用，已经成为产品全生命周期各个阶段不可缺少的技术手段，为研究和解决复杂系统问题提供了有效工具。

（1）在核领域的应用

在核领域，1996年9月10日联合国通过了《全面禁止核试验条约》，标志着核试验在实爆方面的结束，俄罗斯军事专家说，"许多西方发达国家，即使不进行核试验，也能运用高速大规模计算机，在三维空间对核爆炸全过程进行全方位模拟"。据外界估计，到目前为止，能进行计算机模拟仿真核试验的国家和地区有美国、俄罗斯、俄国、英国、法国、中国及日本。

（2）在教育领域的应用

近几年来，学校越来越重视学生的实践操作能力，传统的物理化学试验存在一定的风险性，教具材料不方便搬运，学校需要准备专用的实验室供学生操作。计算机模拟实验逐渐投入使用，成为学习与考核的重要手段，能够利用计算机仿真技术把教学设施、课程内容、实验指导和实践操作有机地结合为一个整体，构建了一个能根据实际教学需要的、可重复操作的临时模拟实验平台，促进了学生实践能力的培养。

（3）在汽车制造领域的应用

计算机仿真技术为汽车产品的设计开发和实验测试提供了强有力的工具和手段。如图 5-2 所示，通过将计算机仿真技术应用于汽车产品的设计开发过程，使得设计者在开发初期即可对汽车的

图 5-2　汽车蒙皮与骨架设计 CAE

全生命周期进行分析和测试，从而提高了研发效率，节约了研发成本。奔驰汽车公司在 1998 年之前已经完成了数字化汽车的设计，并实现了较强的虚拟显示技术，可以在设计阶段对汽车的总体性能匹配和车身系统布置设计等进行仿真分析、评价和改进。

4. 计算机仿真的起源及发展趋势

计算机仿真来源于电子计算机技术的发明和应用，最早在军事领域展开应用。20 世纪 40 年代末期，三自由度飞机系统的仿真使用了首台模拟式电子计算机。20 世纪五六十年代，美国科研人员设计了混合计算机系统，使得人们能对较复杂系统的行为进行仿真研究，主要应对宇航科技发展的迫切需要。我国计算机仿真技术的研究与应用开始于 20 世纪 60 年代，自动控制领域首先开展了对连续系统和离散事件系统的仿真研究。20 世纪 70 年代，我国训练仿真器获得迅速发展，自行设计的汽车培训仿真器、飞行模拟器、化工过程培训仿真器等相继研制成功，并得以推广。20 世纪 80 年代初，我国又设计了一批高

水平、大规模的半实物仿真系统。从 20 世纪 90 年代开始，我国继续开展了分布交互仿真、虚拟现实等先进仿真技术的研究，并取得了一定的成果。

随着智能化理论和人工智能算法的提出，智能仿真是未来计算机仿真技术的发展趋势，这是以知识为核心和以人类思维作为背景的智能技术。智能仿真技术的开发途径是人工智能（专家系统、知识工程、模式识别、人工神经网络等）与仿真技术（仿真模型、仿真算法、仿真语言、仿真软件等）的集成化。因此，近年来各种智能算法，例如模糊算法、人工神经网络算法、遗传算法的探索也形成了智能建模与仿真领域的一些研究热点。除此之外，可视化仿真和虚拟现实仿真也是未来发展的方向。

第二节 怎样走进身临其境的虚拟世界——虚拟 / 增强现实技术

1. 虚拟现实技术（Virtual Reality Technology，VRT）

虚拟现实技术（VRT）又称灵境技术，是 20 世纪发展起来的一项全新的实用技术。虚拟现实系统是一种可以创建和体验虚拟世界的计算机仿真系统，目前虚拟现实系统多通过 VR 头盔或多投影环境来生成逼真的影像，使用 VR 设备的用户能环顾虚拟世界，在虚拟世界中移动，并与虚拟物品进行交互，使用户沉浸到该环境中。因为这些现象不是人们直接所能看到的，而是通过计算机技术模拟出来的现实中的世界，所以称之为虚拟现实。

2. 增强现实技术（Augmented Reality Technology，ART）

增强现实技术（ART）是指透过摄影机影像的位置及角度精算并加上图像分析技术，让屏幕上的虚拟世界能够与现实世界场景进行结合与交互的技术。也可将其看作是一种叠加技术，即把原本在现实世界的一定时间空间范围内很难体验到的实体信息（视觉信息、声音、味道、触觉等）通过计算机等科学技术，模拟仿真后再叠加，将虚拟的信息应用到真实世界，被人类感官所感知，从而达到超越现实的感官体验。

3. 虚拟现实和增强现实的区别与联系

增强现实是由虚拟现实发展起来的，两者同根同源，主要区别在于是否与现实环境相隔绝。VR 也可以叫作人工场景，是通过由计算机生成的三维虚拟环境让用户沉浸其中，并与现实环境相隔绝，也就是说你戴上 VR 设备所看到的、听到的全部是由 VR 设备产生的虚拟世界，通过设备可以身临其境，没有真实的环境。AR 是在真实环境中增添或者移除由计算机实时生成的可以交互的虚拟物体或信息。

图 5-3　佩戴 AR 设备示意

如图 5-3 所示，AR 设备是具有一定透明度的。当你戴上 AR 眼镜后，看到的是真实的场景，通过将这些由计算机设备产生的"增强"的虚拟数字层套在真实世界之上，人们就看到了在真实世界上"增强"后的场景。例如，当带着 AR 眼镜站在一个商场前，不但仍能看到真实的商场，并且通过 AR 眼镜还能够穿过砖瓦看到商场中的人流、打折信息、想要的商品等信息。

4. 虚拟现实的本质特征

（1）沉浸感

沉浸感又称现场感，指用户通过交互设备和凭借自身的感知系统，对于虚拟环境感知的真实程度。一个好的虚拟环境应该使用户难以分辨真假，用户能够全身心投入到计算机创建的三维虚拟环境中。在现实世界中，人们通过眼睛、耳朵、手指、鼻子、嘴巴等器官来实现感知，所以在一个理想的虚拟环境中一切看上去是真的，听上去是真的，触摸起来是真的，闻起来、尝起来等一切感觉都是真的，如同在现实世界。

（2）交互性

交互性是指用户通过使用交互设备，用人类的感知系统对虚拟环境中场景以及实物的可操作程度和反馈的程度。例如，当用户在虚拟环境中看到一个物体后，就可以用手去直接抓取，在抓取过程中不仅有握着东西的触感，还能够感知到物体的重量，当移动物体时，眼中被抓的物体也能够随着手的移动而移动。

（3）构想性

构想性又称创造性，就是设计者构思和设计虚拟世界，在虚拟世界中又反过来能够体现出设计者的创造性思维。例如，机械师想要构造一款全新汽车，在正式设计之前需要进行概念设计，传统方法是通过花费大量时间和精力去设计量化了的图纸，这种方法不直观，让人很难想象汽车全貌。但如果采用虚拟现实技术，只需要进行仿真设计，将概念车在虚拟世界中呈现出来，就能一目了然。

5. 虚拟现实的核心技术

（1）实时三维计算机图形技术

VR 的关键在于"实时"生成。当人们观察周围世界时，由于左右眼位置不同，观察到的图像也略有不同。这些图像共同构成了周围世界的完整画面，包括距离、色彩、相对位置等信息，保证实时的关键在于图形的刷新频率，至少需要保证图形的刷新频率不低于 15 帧/秒。

（2）动态环境建模技术

虚拟的动态环境建模就是通过获取实际环境的三维数据，再根据实际应用的需要建立相应的虚拟模型。

（3）头部和眼球追踪技术

VR 系统将用户的视觉系统与运动循环系统分开，使用头部跟踪来改变图像的视角，将用户的视觉系统连接到更逼真的运动循环系统，使得用户不仅能通过双眼视觉看到环境，还能通过头部运动看到环境，所以在现实世界中移动时，在虚拟世界中同样也在移动。而眼动追踪技术目的是获取用户的视觉信息，感知用户的视觉感知，通过模仿场地变化的深度，使用户拥有更好的体验。

（4）立体显示和传感器技术

虚拟现实的交互能力依赖于立体显示技术和传感器技术的发展，现有设备在力学和触觉传感装置方面的研究仍有待进一步深入，虚拟现实设备的跟踪精度和跟踪范围也有待提高。

6. 虚拟/增强现实技术的主要应用领域

（1）军事领域

虚拟现实技术在军事训练和演习、武器研究方面得到广泛应用。虽然说传统的实战军事演习是必不可少的，但大规模军事演习耗资巨大、安全性差，很难在实战条件下进行战术的反复推演和战术决策。VR 技术可以让士兵在虚拟场景中进行体验，除了节省开支，还会减少设备损耗。此外，利用 VR 军事仿真演练系统可以将无限的虚拟场景送到士兵眼前，解决了空间和设

图 5-4 VR 单兵模拟训练

备有限的难题。从 2012 年开始，美军就开始利用专属的 VR 硬件和软件进行模拟训练，包括战争、战斗和军医培训。图 5-4 所示为美军单兵模拟训练的场景。

（2）医疗领域

虚拟现实技术可以弥补传统医疗行业的不足，可以应用在手术模拟、技能培训、手术辅助、心理治疗等多个领域。例如，在神经医学领域，采用头颅 CT 血管成像虚拟现实技术，可建立颅底三维立体图像，可以重复建模，任意放大或缩小，360° 旋转或控制，能够更好地展示颅底解剖结构的层次、毗邻和定位关系。图 5-5 所示为一例左蝶骨嵴脑膜瘤的虚拟重建，通过 VR 设备可清晰地看到三维图像。

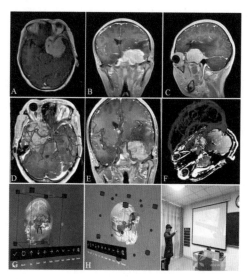

图 5-5　左蝶骨嵴脑膜瘤的虚拟重建

（A-C 为核磁共振图像，D-F 为 MRI 三维显示图像，G-H 为 VR 设备重构图像）

（3）文化艺术游戏领域

虚拟现实是传播艺术和思想的新媒介，其沉浸交互的特点使得静态的观察转变为动态的探索，虚拟博物馆、3D 电影、AR 手机游戏等都是目前虚拟现实技术中最广为大众接受的形式。VR 虚拟旅游已经成为传统旅游的一种重要补充，例如旅行线路的设计，当地风俗的了解，提前在网上探路等。

图 5-6　AR 手游

2016 年一款全新的 AR 宠物养成手游 Pokemon Go 风靡全球（如图 5-6 所示），玩家可以通过智能手机在现实世界里发现精灵，进行抓捕和战斗。

（4）商业领域

运用虚拟现实技术全方位展示产品，人可以以第一视角在虚拟空间漫游穿梭，能够与场景进行交互，仿佛在现实世界中浏览，完全沉浸在环境之中。国内已有许多房地产公司采用虚拟现实技术制作虚拟小区、虚拟样板房来吸引购买者的眼球，并取得较好效果。图 5-7 所示为某地产公司制作的虚拟样板房。

图 5-7　虚拟样板房

第三节　产品样机一定是经过设计制造后的实物吗——数字样机

制造企业想要在日益激烈的市场竞争中立于不败之地，必须追求以更少的时间、更优的质量、更低的成本、更好的服务和更高的环保指标来推出新产品，以赢得更大的市场份额。通过数字样机开发技术，可以把创意快速变为可视化的产品，从而降低创新的成本，提高创造的效率。在已经来临的数字样机时代，产品的设计和研发变得轻松快捷。

1. 从物理样机到数字样机

数字样机是相对于物理样机来说的，它和真实产品有着 1:1 的比例，数字样机是对机械产品整机或具有独立功能子系统的数字化描述，这种描述不仅反映了产品对象的几何属性，还至少在某一领域反映了产品对象的功能和性能。产品的数字样机形成于产品的设计阶段，并能在整个生命周期以 3D 形式描述产品。

2. 数字样机的关键技术

数字样机的开发并没有进行真正的制造过程，对于一个新产品的研发阶段来说，数字样机的研发可以将一个想法变成一个可以向客户推销的数字化产品原型，当获得客户的同意或订单后，才开始真正的产品制造，这可以大大降低产品研发的失败风险。数字样机的关键技术以计算机辅助设计集成（如 CAD、CAE、CAM 等）和产品全生命周期设计技术为基础，向上延伸到工业设计阶段，向下延伸到市场宣传阶段，涵盖甚广。数字样机的技术体系如图5-8所示，主要如下：

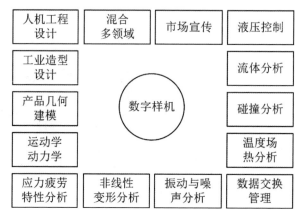

图5-8　数字样机的技术体系

（1）概念设计

主要包括工业设计和人机工程，是以工学、美学、经济学等为基础的对工业产品进行的设计。概念设计是工程与艺术相结合的重要内容。

（2）工程设计、分析与制造

在工程阶段，工程师创建产品的3D模型（数字原型），集成在概念设计阶段开发的设计数据，同时将电气、机械、工业设计数据添加到数字样机中，并对数字样机进行测试、验证和完善。

（3）数据管理

对产品全生命周期进行有效数据收集、交换、存储、处理和应用的过程。

（4）渲染和动画

渲染和动画在产品设计开发中愈发重要，逐渐成为产品推广和抢占市场的有力手段。

3.数字样机的主要特点

（1）模型可简化性

数字样机的模型包含了完整的产品数字信息，可用于分析、优化、生产制造过程中的数据管理。为了计算、显示效率和经济性，数字样机可进行一定程度的简化设计和优化设计。

（2）虚拟性

数字样机完全使用数字化工具，用计算机来支持产品的全生命周期的信息，对这些信息进行全面的管理与控制。数字样机可以做到产品的高度可视化，使产品能够从信息转化为图像，包括能够观察并记录产品的性能。

（3）真实性

数字样机的目的是取代或精简物理样机，它必须在外形、仿真、性能等方面具有同物理样机相当或者一致的功能，主要包括几何真实性、物理真实性和行为真实性，同实际产品有相同或相近的体积、密度和质量；在外部环境的激励下，数字样机能够做出与实际产品相同或相近的行为响应，能够预先得知产品的运动行为、力学行为、强度（破坏）行为和工作特征行为等。

4. 数字样机的应用案例

（1）大型飞行器的设计

在中国商飞 C919 的研发过程中，达索公司协助商飞建立了 C919 的数字样机，不仅包括飞机的机械结构，还有包括飞机的动力系统、飞控系统等在内的多个子系统。该数字样机可在一个数字化虚拟环境中运行，验证了 C919 及其各子系统在整个运营过程中是否存在潜在的问题。总体上看，数字样机技术使 C919 项目在缩短研发周期和节约研发成本方面的整体效率提升 30% 左右。图 5-9 所示为国产 C919 中型客机。

图 5-9　国产 C919 中型客机

（2）工程机械

三一重工围绕数字化样机技术在样机集成及产品设计、有限元分析与优化、液压与控制、信息集成与软件开发等方面进行了重要建设。在某型矿车设计中，31 项数字样机成果全部被采用。通过虚拟路况成功模拟实际工况，用于整车系统及零部件疲劳分析，提高了整车可靠性、操纵稳定性与舒适性。图 5-10 为大型工程机械。

图 5-10　大型工程机械

第四节　没有机床和工装，我们就不能生产制造了吗——虚拟制造

基于虚拟现实技术的虚拟制造技术是在一个统一模型之下对设计和制造等过程进行集成，它将与产品制造相关的各种过程与技术集成在三维的、动态的仿真真实过程的实体数字模型之上。

1. 虚拟制造

虚拟制造是由美国最先提出的一种全新概念，从不同的角度有着不同的解释，比较有代表性的定义有：

（1）着眼于结果（佛罗里达大学 Gloria J. Wiens）

虚拟制造是指与实际一样的，在计算机上执行的制造过程。其中，虚拟模型用于在实际制造之前对产品的功能及可制造性的潜在问题进行预测。

（2）着眼于手段（美国空军 Wright 实验室）

虚拟制造是仿真、建模和分析技术及工具的综合应用，用以增强各层制造设计和生产决策与控制。

（3）着眼于环境（马里兰大学 Edward Lin）

虚拟制造是一个用于增强各级决策与控制的一体化的、综合性的制造环境。

其实，虚拟制造就是实际制造过程在计算机上的本质实现。虚拟制造不是实际的加工过程，不会生产出实物，但反映了实际制造的本质过程，可以模拟和预估产品功能、性能及可加工性、可装配性等各方面可能存在的问题，提高设计师们的预测和决策水平，这使得生产加工过程不再单独依靠经验，可在产品研发初期就进行全方位的预报。

2. 虚拟制造的主要特征

（1）模型的可修改性

设计人员可以实时通过虚拟现实技术进入这个虚拟的制造环境中检验并改进产品的设计、加工、装配和操作过程。设计人员可以根据用户需求或市场变化快速改变设计、工艺和生产过程，从而大幅压缩新产品的开发时间，同时可以提升产品在市场中的竞争力，提高产品质量并降低成本。

（2）制造过程的分布式

虚拟制造过程中人和设备、人和人之间都可以分布在不同地点，

空间上可以是分离的，通过网络在同一个产品模型上同时工作，相互交流，信息共享。

（3）生产过程的并行性

产品设计加工过程、装配过程和生产过程的仿真可以同时进行，大大加快了产品设计进程，减少新产品的试制时间。

3. 虚拟制造的关键技术

虚拟制造的关键技术除了前面所述的虚拟现实和数字样机以外，还有虚拟加工、虚拟装配和虚拟车间技术等。

（1）虚拟加工

虚拟数控加工以数控（NC）代码为驱动，通过数控指令翻译器对输入的NC代码进行翻译，然后根据指令生成相应的刀具扫描体，并设置相应的指令，使刀具扫描体和被加工零件进行求交运算和碰撞干涉检查等，所有这些虚拟加工的过程都可以在计算机中显示和保存，以便查验，直到所有指令执行完毕，虚拟加工任务结束。虚拟加工包含以下主要功能模块：①几何建模。主要是加工中心设备的几何建模，可实现工件毛坯及夹具在托盘上的装夹定义。②机床定义。对机床几何模型赋予加工轴、刀库、主轴、工作台等逻辑定义。③刀库定义。可对车、铣、刨、磨、钻、镗等用的各类刀具参数进行定义和管理。④加工任务设置。包括刀库定义、工件装夹、零偏设置、NC代码加载等。⑤NC代码翻译转换。⑥加工过程仿真。⑦成品检验。图5-11所示为实际加工和虚拟加工的对比。

图 5-11　实际加工和虚拟加工的对比

（2）虚拟装配

虚拟装配以装配对象的三维实体模型为基础，通过仿真将虚拟的实体模型在计算机中进行装配操作，并进行与装配相关的系统分析，实现产品的装配工艺规划，进而分析并改进产品的装配工艺，得到能指导实际装配操作的工艺文件，大大节约了装配测试的时间。虚拟装配是虚拟产品开发过程中至关重要的一环，涉及零部件构型与布局、材料选择、装配工艺规划、公差分析与综合等诸多内容。其作用如下：

图 5-12　基于 VR 的虚拟装配场景

①拟定结构方案，优化装配结构；②改进装配性能，降低装配成本；③产品可制造性的基础和依据；④产品并行设计的技术支持和保障。图 5-12 所示为 VR 虚拟装配的应用场景。

（3）虚拟车间

虚拟车间作为一个优化整个生产系统的过程，具有设计、分析、测试、优化生产布局的能力，其目的是实现快速、低成本、高质量地完成所设计产品的制造生产。虚拟车间具有设备、生产线、物流装备、

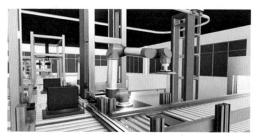

图 5-13　虚拟车间场景

检测、原材料以及半成品缓冲站等车间的基本特征，辅助设计者进行生产环境的布局及设备集成，实现生产计划及调度的优化。图 5-13 所示为虚拟车间的场景。

4. 虚拟制造的应用实例

虚拟制造技术的应用，以美国波音飞机公司为例。波音公司建立了波音 777 飞机的最终模型，实现了整机设计、整机装配、部件测试等虚拟开发活动，使产品开发周期从八年缩短至五年。而波音 787 虚拟的下线仪式，以虚拟的方式标志着 787 的成功研制。正如波音公司设计工程师所说："即使没有真正的机翼和轮子我们也可以完成制造过程"。图 5-14 所示为波音 787 客机。

图 5-14　波音 787 客机

第五节 基于感知、大数据、模型、智能算法的虚拟现实未来

计算机仿真技术、虚拟现实技术、数字样机、虚拟制造……全世界飞速发展的今天，各种层出不穷的新科技，制造业与互联网的无缝融合将促使制造企业的生产力和生产水平得到进一步提升，中国制造2025、工业4.0重大战略让全世界迎来了虚拟"智"造的革命。

1. 网上世博会

世界博览会至今已有150多年历史，一直是以实体场馆的方式进行展览展示。上海世博会在2010年推出了"网上世博会"的项目，通过互联网新媒体与多种技术结合，把世博会最精彩的一面展现出来，以生动形象的方式推进世博会，吸引国内外观众前来参观。网上世博会的成功依托于强大的技术支持，其中以虚拟现实技术为依托的三维虚拟展馆技术最为重要。网络三维虚拟展馆提供了内容完整的服务，包括：完整的网络三维虚拟展馆展示系统，对系统运营提供技术支撑，针对性定制网络三维内容，3D展馆虚拟漫游，多人在线，仿真互动，虚拟导游等。通过设计不同类型的展馆，参观者在网上可以通过第一人称视角对虚拟三维场景进行浏览、全景漫游、互动沟通等获得不同的参观感受。通过在线互动的方式让游客体验到了虚拟现实的魅力，已经让上海世博会成为一届"永不落幕"的世博会。

2. 远程手术

在5G网络技术的支持下，AR和VR技术在医疗领域的大规模应用成为可能，远程手术已经走进现实。在2019世界移动大会上，现场演示了通过5G+VR远程指导医生做心脏起搏器植入手术。戴上VR眼镜后，医疗专家可以清楚地看到相隔千里的病人模型，甚至可以"透视"病人的身体，将病人的五脏六腑尽收眼底，从而为异地的医生提供精准的手术指导，如图5-15所示。可以畅想未来远程手术将能扩展到所有类型的疾病手术中，届时，医疗专家将不用再为了一些疑难手术东奔西

图5-15 远程手术演示

跑，只需在高清 VR 影像以及精准远程设备的帮助下完成手术。

3. 智慧生活

2018 年，西班牙某服装公司宣布将要上线一款有增强现实技术的 APP，使用手机可以在软件中激活虚拟模特，用户可以在门店橱窗、店内展台、产品包装盒或品牌官网上扫描特定的增强现实图标，体验虚拟试衣的功能（如图 5-16 所示），用户同时可以在软件中下订单。

图 5-16　AR 虚拟试衣

基于虚拟现实技术的虚拟制造从其萌芽到今天的日渐成熟已经走过了相当长的一段风雨历程。从某种意义上说，它将改变人们的思维方式，甚至会改变人们对世界、自己、空间和时间的看法。目前，它的研究内容涉及多个学科领域。同时也认识到，这个领域的技术具有巨大的潜力和广阔的应用前景。虚拟制造可以说是一种新的人机交互方式，在复杂系统中，可能有许多参与者在网络虚拟环境中协同工作、共同学习和娱乐等，这个需要各领域专家联合起来开展研究，协同攻关。虚拟制造还有很长的路要走，机会和挑战并存。期待着有朝一日，虚拟制造和虚拟现实系统成为一种对多维信息处理的强大系统，成为人们进行思维、创造和生产的助手，及获取新概念的有力工具。坚信随着计算机技术和网络带宽的不断提高，基于感知、大数据、模型、智能算法的虚拟现实未来终将实现。

第六章 增材制造

第一节 体验造物的奇迹——增材制造概述

1.什么是增材制造

作为一个学术名词，"增材制造"不一定有机会出现在大家的日常生活中。但说到"3D打印"，有人可能就会反应过来，"确实听说过，但感觉挺高科技"。大家生活在三维空间中，"3D"的概念通俗易懂，而"打印"也早

图6-1 神奇的造物魔术

已成为日常办公中必不可少的手段，如果将两者简单结合，似乎就有了一种解释——用"墨水"制作出三维的物体。是的，这的确是对"3D打印"或是"增材制造"的基本认识。似乎，利用这类技术可以制作出任何想要的东西，如图6-1所示的桌面万能工厂一样，只需要敲敲键盘，就能将想法变为现实，制造出汽车、飞机甚至是动物……媒体对于这项技术赞不绝口，《经济学人》《福布斯》《纽约时报》等杂志都称增材制造技术将引发"第三次工业革命"，为制造业带来颠覆性的革新。

其实，增材制造的专业解释并不复杂，只需要在刚刚理解的基础上加上"增"的概念，也就是利用增加材料的方法制作出三维物体，就像是盖房子一样。"九层之台，起于累土"，百米大厦也是通过一层一层堆砌起来的。如果把一个物体看成是一座大厦，那么这座大厦可能有数千层、数万层，而增材制造就是盖这座大厦的建筑工。建造

大厦需要用到的"砖块""混凝土"等建材，则对应着金属粉末、高分子材料等增材制造的原材料。

与增材相对应的概念是减材或等材，这两者几乎构成了传统制造业的制造方式，为了更好理解这两个概念，只需要想象"木雕"以及"捏橡皮泥"这两个动作。在制作木雕时，通常是从一块规则的木头开始，借助雕刻刀一点一点去除多余木头，直到雕刻出最后的成品；在捏橡皮泥时，通常是先估算好所需要的材料，然后直接捏出理想的形状。

2. 增材制造的起源

从美国将增材制造技术捧上神坛，到我国工信部发布了《国家增材制造产业发展推进计划》，正式将 3D 打印纳入国家战略，而国务院颁发的《中国制造 2025》中又多次强调了 3D 打印技术。究竟增材制造技术有什么魔力，致使各国都想争夺技术领域的制高点？回顾增材制造的历史，可追溯到 20 世纪，美国 3M 公司的阿伦·赫伯特（1978年）、日本的小玉秀男（1980 年）、美国 UVP 公司的美国人查尔斯·赫尔（1982 年）等人各自独立提出了这种概念。其中，查尔斯·赫尔将概念转化成了现实，成立了世界上第一家生产 3D 打印设备的公司，这是增材制造技术发展的一个里程碑，如图 6-2 所示。

图 6-2　查尔斯·赫尔和世界首台增材制造设备

3. 增材制造的具体流程

增材制造的核心在于"增"，是一个逐层累加的过程，其源头通常是电脑中的数据模型。为了便于后续表述，需要说明在计算机图形应用系统中，有一种 3D 模型文件格式 STL（STereo Lithography 的缩写），由 3D Systems 公司开发而来，就是使用三角形面片来表示三维实体模型，现已成为 CAD/CAM 系统接口文件格式的工业标准之一，绝大多数造型系统能支持并生成此种格式文件。

如图 6-3 所示，用足够数量的三角形去逼近替代模型原本的表面，随后生成了一个 STL 格式的数据模型。在改变三角形大小的情况下，STL 模型越来越接近于球体，也可理解为，只要三角形面片划分合理，

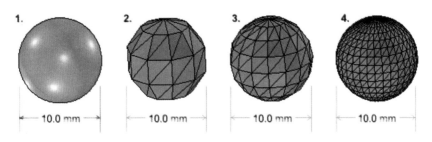

图 6-3　不同三角形面片尺寸下的球体

STL 模型几乎等同于原始模型。

在划分三角形面片之后，设想有一个与底面平行的平面，如果一个三角面片与这个平面相交，那么通常会有两个交点，依次将这些交点相连接，很容易得到一个轮廓，这个轮廓就包含了这个面的信息，也就是"大厦"中的一层；如果作一系列相互平行的平面，控制相邻平面之间的间隔，也可以理解为确定"大厦"的每层高度，随后将得到每一层的基本信息，而零件的层数取决于每层的高度，并把这个过程称为"离散"。其实，"离散"这个过程是 STL 转化后的第二个模型简化步骤，以半球为例，利用"离散"的思想将其分成 15 层，在此

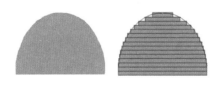

图 6-4　半球形物体的"离散"过程

过程中，以每层的轮廓为基础扩展出不同的柱状体，如图 6-4 所示，如果每一层的厚度足够小，最终得到的柱状叠加体与原先的半球体几乎相同。

增材制造也有一个"明星梦"，目前正在步入影视圈，靠的并不是演技，而是它的神奇能力。目前，影视剧制作标准逐渐提高，道具、服饰等因素决定着影视剧的最终效果，而增材制造能够实现短期内制作出高度逼真的道具，这正是它立足于影视圈的资本。如图 6-5 所示，需要制作出一个面具，设计师首先在计算机中确定模型的尺寸，随后使用专用软件将模型划分为三角形面片，并且按照 0.1mm 的层厚将整个模型离散。案例中采用了粉末材料与胶水黏合的方式，中间图片展示了其中的一层，0.1mm 厚度的薄片被黏合在基体，经过数个小时后，完成了模型的制作。最后，只需要将模型表面多余的粉末吹散，进行一定的着色，便得到了这个道具。

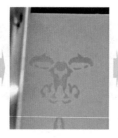

图 6-5　增材制造的影视剧道具

第二节　增材制造有什么特长——增材制造的技术优势

请跟随镜头一起，领略增材制造的魔法。

镜头一：工作日的第一天，闹钟准时响起，睡眼朦胧的你拿起手机，下达了"打印早餐"的指令，厨房中的食品打印机便开始工作，就在你洗漱完成之后，热气腾腾的披萨已经准备好，你坐下来细细品尝这顿快速又美味的早餐……

镜头二：一位足部轻微畸形的病人正在为买不到合适的鞋子而苦恼，此刻的他路过了一家高科技鞋店，怀着好奇心情的他开始了尝试，只见店员让他坐下来并用一台像相机一样的设备打量着他的脚，在选好款式后静静等待着，直到一双和他的脚精准匹配的鞋子送到面前，试穿后便走向柜台结账……

镜头三：一位准妈妈想记录胎儿成长的全过程，她来到了医院，像往常一样做了超声图像检测，并向医生提出了把胎儿1∶1还原的要求，医生简单编辑了超声图像并点下了"打印"按钮，不久后，医生便将胎儿模型送给了准妈妈，这已经是她收集的第五个模型了，看着这些模型越来越接近一个婴儿，这位准妈妈对不久将出生的孩子充满了期待……

增材制造能够成为传统制造业的很好补充，主要是因为其快速、准确、直接的特点，就如同镜头中展示的，增材制造能够快速完成打印早饭、精准制作鞋子、直接打印胎儿模型的流程。

增材制造"定制化"特点，可以做到全球仅此一件，百分之百按订单制造。设计师们有着天马行空般的思维，越来越多使用增材制造技术制作特殊结构的文化创意产品不断出现，案例之一便是珠宝，如图 6-6 所示的珠宝各具特色。如果增材制造技术没有出现，作品可能仅存在于设计师的画本上，而增材制造技术可以精准地把设计师们的思维具体化，也可以方便地为客户定制专属于自身的艺术品。

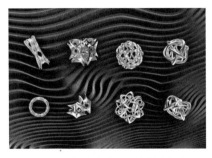

图 6-6　造型独特的增材制造珠宝

增材制造可以直接从计算机模型中获取全部信息并开始制备，不需要准备"雕刻"过程中的"木坯"，即增材制造最大程度地发挥着原材料的作用。例如，某金属框架是飞机上支撑结构的组成部分，如果采用传统加工方法进行制作，需要去除超过 90% 的材料，而采用增材制造技术时，这个框架可以利用激光烧结金属粉末制成，材料利用率几乎可以达到 100%。

图 6-7　批量制造的发动机燃油喷嘴

增材制造可以跳过制造过程中的若干步骤，极大地缩短了产品的研制周期。美国通用航空公司意识到了增材制造的这个特点，通过近 10 年的研究开发，将原来需要二十多个零件组装而成的发动机燃油喷嘴变成一个整体结构的零件，从而能够实现快速制作，成为首个大批量生产盈利的增材制造产品，如图 6-7 所示。未来预计将有 16 万件以上的订单，通用公司将借此契机成立规模化的增材制造车间，而该业务预计每年能为公司带来 4000 万美元的利润。

在当前数字化、智能化的浪潮下，增材制造也正与互联网紧密结合。产品在没有售出之前，是用数据形式进行传输的，无需实体仓库，模型文件在互联网上传输所需费用极微。此外，增材制造不仅是按需制造，而且是就地制造，在使用地点制造，这种方式在一定程度上节约了物流成本。

第三节　走进增材制造大家族——增材制造的主要种类

1. 熔融沉积制造技术

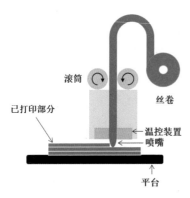

滚筒

丝卷

已打印部分

温控装置

喷嘴

平台

图6-8　典型FDM设备原理及
　　　　工艺过程

熔融沉积制造（Fused Deposition Modeling，FDM）技术在20世纪80年代由斯科特·克伦普发明，利用喷嘴加热熔融并挤出丝状成形材料，在控制系统的协调下，喷嘴按照有规律的路径成形每层形状的一种增材制造工艺，基本工作原理如图6-8所示。

在FDM成形过程中，主要涉及以下方面：

（1）丝材加热：温控装置是FDM成形过程的主要能量来源，当丝材被加热至成形温度时，从固态转变为流动状态，这是FDM名称中"熔融"的由来。

（2）材料挤出：在计算机控制下，电动机驱动滚筒将丝材运送至喷头处，并将已熔融的部分挤出喷嘴，喷嘴直径越小则精度越高，但相应的成形时间变长。

（3）喷嘴移动：材料挤出需要与喷嘴移动相互配合，才能保证成形出理想的图形，就如同绘画一般，控制系统接收到某一层的信息后，会绘制出这一层的轮廓，随后进行填充。

（4）平台移动：在每层成形完成后，为了给下一层留出空间，平台需要下降一定的距离，这个距离就是零件的每层厚度。

上述步骤不断循环，便是FDM工艺的完整过程。整个过程最突出的特征便在于依次制作每一层，也对应着增材制造"离散"与"堆积"的本质。

FDM技术是目前常见的增材制造种类之一，具有以下主要特点：热塑性材料广泛，例如塑料、蜡、尼龙、橡胶等；设备结构简单，成本低廉，很多产品售价几千元；清洁环保，对周围环境不会造成污染；运行噪声小，适合于办公场合桌面应用，非常适合中小学创客教室。

拓展1：巧克力打印。夏天时候，巧克力在太阳曝晒下会熔化，利用这个特点，可以将巧克力浆作为 FDM 的原材料，英国埃克塞特大学研究人员于 2012 年推出世界上首台巧克力 FDM 原型机，如图 6-9 所示，可以打印出既美观又美味的巧克力。当然，出于安全考虑，巧克力 FDM 设备需要满足食品卫生许可，切勿随意改造。

图 6-9　类 FDM 设备的巧克力打印机

拓展 2：陶瓷打印。陶艺是中华文明的一个重要组成部分，传统陶瓷工艺品制造过程通常是陶泥经过拉捏等步骤后上釉烧制得到，陶艺发展到今天，传统文化与现代技术相互碰撞，而陶瓷 FDM 打印便是其中一个案例。利用气泵等装置可挤出具有一定流动性的陶泥，在成形平台逐层累加而形成一定形状，经过干燥、上色、烧制，最终可得到别具一格的陶瓷工艺品，如图 6-10 所示。

图 6-10　类 FDM 设备的陶瓷打印产品

拓展 3：多喷头打印。FDM 原材料几乎可以做成任意的色彩，那为什么 FDM 的零件通常只有单一的颜色？考虑到制作成本，FDM 设备可能只有一个喷头，而打印过程中不便更换材料，所以最终只能够呈现单一的颜色，那么是否可以多设置几个喷头呢？

答案是肯定的，目前市面上已经出现了成熟的双喷头 FDM 成形系统，每个喷头中可加载不同颜色的材料，在控制系统的协调下，可以打印出色彩斑斓的零件或物品，如图 6-11 所示。

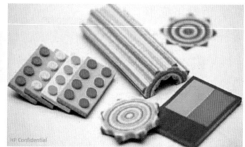

图 6-11　双喷头结构与多色模型

2. 光固化成形技术

光固化成形（Stereo Lithography Apparatus，SLA）技术是最早商品化的增材制造技术，世界上第一台 3D 打印机采用的就是光固化技术，目前该技术相关设备的制造商已经遍布全球。SLA 技术的主要特征在于其原材料"光敏树脂"，即是一类对光照敏感的液态有机物。当这类材料遇到特定的光照时，会发生内部结构的改变，随后便从液体转化为固体，最终形成坚硬的物质。

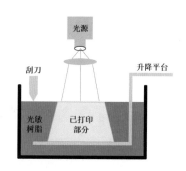

如图 6-12 所示，在光固化成形过程中，激光光源不断扫描最上层光敏树脂使之固化，随后成形平台下降，并开始新一层的固化。在制造过程中主要涉及以下方面。

图 6-12　典型 SLA 设备原理及工艺过程

（1）光源与扫描系统：光固化设备中最常见的光源是激光器，在光源照射到材料表面时，呈光斑状，光斑需要不断地移动才能固化所需的形状。

（2）平台移动：精准控制光源与材料之间的距离，是最大程度使用激光能量的关键，平台的上下移动就是为了保证成形过程中，任意成形层都位于激光的焦距位置，而平台每次的下降距离就是光固化成形时的层厚。

因此，循环"光源照射扫描→材料固化→平台移动"的步骤，便是 SLA 的整个成形过程。作为目前应用广泛的增材制造技术，光固化成形具有以下特点。

（1）零件表面质量好。由于光固化成形使用液态材料，在成形时由于材料的流动，零件层与层之间的间隙被填充，零件表面的"波纹"较小，因此零件表面光滑无缺陷。图 6-13 所示的是典型光固化成形产品。

图 6-13　精细平滑的光固化成形产品

（2）尺寸精度高。在光固化成形设备中，无论是激光的光源还是扫描系统，都能够实现更微细的成形需求，最终零件尺寸与理想数值偏差仅为微米级，也就是一根头发的区别，因此光固化适合于制造精密零件。

拓展 1：多彩的光敏树脂。光敏树脂的重要特点就是对特定光源的高敏感性，主要成分是光引发剂与单体，在入射光即将穿透树脂时，作为"哨兵"的光引发剂会最先接收到这个信号，随后发出"警报"，单体"士兵"们紧紧团结在一起，共同抵御"外来者"光线，最终形成了铜墙铁壁般的防御工程，完成固化。

那么，这个防御工程有哪些变化呢？即"士兵"穿着衣服颜色能不能变化？这个答案是肯定的，在光敏树脂中，添加一定比例的色素并进行充分扩散后，就能够得到不同的颜色，在固化后也能够获得不同颜色的产品，如图 6-14 所示。

图 6-14　不同色彩的光固化模型

拓展 2：从点到面，效率飞升。如果要在一个正方形中涂满颜色，使用画笔手工填涂可能是一种费时费力的选择；如果这个正方形是在绘图软件中，只需要鼠标数次点击就能完成填充，这便是从点到面时效率的提升。

这种提升在增材制造中也是存在的，例如 SLA 与 DLP（Digital Light Processing，数字光处理）技术结合，也就是使用高分辨率的数字光处理器进行固化。即在 SLA 设备的基础上，用投影仪替换原先的激光器以及扫描系统，投影仪接收每一层的图像，随后进行投影，被照射的树脂开始固化，最终通过层层固化、叠加获得零件。与 SLA 相比，原先的"填涂"过程被一次性整层照射取代，使用 DLP 技术在理论上可以提升十倍的效率。假如采用 SLA 与 DLP 方法制造一个零件的时间都是 1 小时，如果一次性制造 10 个相同零件，SLA 需耗费 10 个小时，而 DLP 用时仍然是 1 小时，因为投影 1 个图形和投影 10 个图形用时相同。DLP 技术让增材制造有了快速或批量生产的可能性，其典型应用案例就是牙模制造，如图 6-15 所示。

图 6-15　利用光固化技术快速制作牙模

3. 激光选区熔化技术

激光选区熔化（Selective Laser Melting，SLM）技术是由德国弗朗霍夫研究所于 1995 年提出，一般用于金属零件的制造。SLM 技术的原材料通常是金属粉末，在成形时，粉末被激光照射，瞬间升温至熔化点，随着激光光斑的移动，熔化的部分逐渐凝固，从而实现从粉末到实体的转变。

如图 6-16 所示的典型 SLM 设备原理及工艺过程，主要涉及以下几个方面。

（1）激光与扫描系统：SLM 采用了激光与振镜组合系统作为能量源，但为了使金属材料更容易被加热至熔化，设备搭载的激光器功率

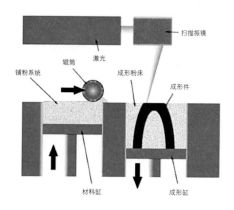

图 6-16　典型 SLM 设备原理及工艺过程

战略性新兴产业科普丛书（第二辑）·智能制造

较高。

（2）层间结合：SLM 工艺的层厚几乎是所有增材制造工艺中最小的，采用极小的层厚能够使得当前层被照射部位熔化时，下面数层也跟随着熔化，随后降温凝固，从而将多层牢牢结合成整体。

（3）双缸系统：双缸系统是最典型的 SLM 设备结构，一个缸为材料缸，装载有金属粉末，另一个缸为成形缸，当一层成形完毕后，成形缸下降一个层厚距离，接着材料缸上升一个层厚的距离，在刮平系统作用下将材料输送至成形缸。

SLM 作为备受关注的增材制造技术之一，突出优势在于。

（1）加工步骤少。SLM 是使用激光烧结直接制成最终金属产品的技术，省略了传统制造技术的中间过渡步骤，而且 SLM 制成零件的性能卓越，可直接作为产品使用，无须繁杂的后续加工。

（2）零件质量高。SLM 使用了小光斑直径的激光以及小的成形层厚，因此产品有着极高的精度，并且制成零件的力学性能能够达到其理论值。

（3）不惧复杂结构。由于增材制造层叠加的特性，加上 SLM 过程中粉末对于已经成形的零件具有一定支撑作用，理论上可成形任意的复杂结构，如图 6-17 所示。

图 6-17　利用 SLM 技术制作的金属结构

第四节　增材制造距离我们有多远——增材制造的实际应用

增材制造技术直接快速的特点，顺应了产品更新换代较快的市场环境和用户需求，增材制造其实距离大家很近，就在身边。据统计，增材制造的主要应用领域如图 6-18 所示，主要包括日常用品、汽车制造、医疗牙科、航空航天等领域。

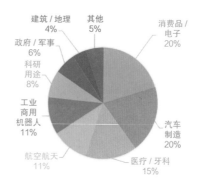

图 6-18　增材制造的应用分布

1. 把"增材制造"穿在身上

你有没有想过，穿在身上的衣服有一天能够运用增材制造技术来生产？使用柔软的橡胶材料，加上特殊的结构设计，一件足够贴身的衣服便诞生了。图 6-19 所示为美国波士顿美术馆展出的一件礼服，由 1600 块尼龙和 2600 个铰链完美组合而成，以花瓣为灵感，而增材制造技术充分挖掘了这件礼服的时尚潜能。

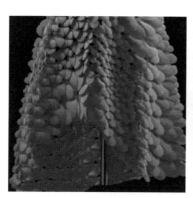 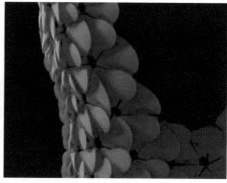

图 6-19　增材制造的时尚礼服

增材制造的鞋子也正在成为风尚，某国际品牌采用增材制造技术生产的鞋子已经全面上线，让消费者们的期待得到了满足。如图 6-20 所示，橡胶鞋底是由增材制造加工而成，采用了极其精细的数字化设计，同时从真实的运动员脚的部位数据中构建模型，采用光固化工艺，20分钟左右就可以生产一双鞋子，而且颜色可以自由变化。对于用户而言，可以在特定设备上进行一段时间的运动，计算机将收集脚底各个位置的受力情况，进而量身定制出高舒适度的鞋子，从脚适应鞋的传统模式过渡到鞋适应脚的新兴模式，这便是增材制造的神奇之处。

图 6-20　增材制造的跑鞋

2. 把"增材制造"吃进肚子

吃货圈内一场风暴悄悄袭来，而风暴中心便是增材制造，当美味的食物变为打印机内的一堆数据，那么结果是什么样的呢？一些并不擅长做饭的人，可以像下载文件一样在网上下载完整食谱，交给机器去烹饪，这样的机器就是 3D 打印机，这样的场景也即将成为日常。

前面已经提及，在 FDM 设备的基础上，将原材料替换为巧克力浆，再按照食品级标准改善设备其余部分，一台简易的巧克力打印机便诞生了。如果把食材范围扩大到土豆泥、面团等糊状食材，经过一层一层堆积后，具有连续三维结构的食物就诞生了，如图 6-21 所示。西班牙初创公司（Natural Machines）推出的食物打印机 Foodini 能够打印披萨；德国科技公司 Biozoon 推出了一种称为"Smoothfood"的三维打印食品，用来解决进食困难的问题。

图 6-21　增材制造的食物

增材制造定制化的特点不仅仅体现在有视觉冲击力的食物造型上，也体现在营养定制方面。根据你的饮食习惯和口味，智能搭配食材，并添加少量营养物质，在不影响口感的基础上，保证了大家的健康饮食。

3. 住在"增材制造"的房子里

如图 6-22 所示，请大家欣赏下，美国 3D 打印公司 ApisCor 与俄罗斯房地产开发商 PIK 在俄罗斯的斯图皮诺成功打印出的世界上第一栋可以居住的房屋，其外观和内饰几乎都与普通房屋没有差别。那么增材制造的房子具体是怎么诞生的呢？

图 6-22　增材制造的房屋

首先，需要一只"大手臂"，能够保证触摸到房屋的任何角落；其次，需要混凝土和纤维作为原材料，随后设定好程序，在"大手臂"的精心劳作之下，混凝土材料一层一层堆积，便有了房屋的框架，如图6-23所示。建筑业引入增材制造技术，所建房屋时间短、成本低、寿命长，未来可期。

图 6-23　"大手臂"增材制造的房屋框架

4."增材制造"伴你同行

世界第一款使用增材制造的汽车 Urbee 2 在 2013 年正式推出，如图6-24所示。其包含了超过50个增材制造的组件，整个车辆除了底盘、动力系统和电子设备等，超过50%的部分都是由 ABS 塑料打印出来的。

图 6-24　部分增材制造的汽车 Urbee 2

2014 年美国芝加哥展会期间，LOCAL MOTORS 公司推出全球第一辆完全增材制造的汽车 Strati，如图6-25所示。可以接受媒体试驾，并行驶在大街上。与 Urbee 2 相比，Strati 的底盘部分也采用了增材制造技术，仅需44个小时就能够完成所有零部件的制造，如果加上组装时间，只需要三天就能够定制出一辆崭新的汽车。

图 6-25　完全增材制造的汽车 Strati

目前，飞行器越来越先进、越来越轻，机动性越来越好，这就对飞行器中的结构提出了整体化、轻量化的要求，而增材制造技术恰能满足这些要求。在飞机制造行业中有一句名言，"为减轻一克重量而奋斗"，飞机每减重 1g，就相当于为航空公司节省了 1g 黄金的价值！对于飞机这样的庞然大物而言，在 40 吨质量的基础上，如果能够减重 10%，那么就等于为航空公司赚取了 4 吨黄金，而这仅仅是一架飞机，因此，飞机的减重是最重要的技术需求。通过金属的增材制造技术则可以在获得同样性能或更高性能的前提下，优化结构设计，减轻金属结构件的重量。如图 6-26 所示，EADS 公司为空客公司进行结构优化后，增材制造的机翼支架，相比之前使用的铸造支架减重约 40%，而且科学的结构设计保证受力更为均匀，较小的质量反而能够获得更好的性能。

图 6-26　基于增材制造技术重新设计的机翼支架（前）

在增材制造的浪潮下，国内制造商们开始将增材制造应用于飞机制造中，例如对于国产大飞机 C919，共 23 项增材制造的零部件分别被应用于前机身和中后机身的登机门、服务门以及前、后货舱门上，如图 6-27 所示。快速而低成本的增材制造技术助力国产 C919 逐梦蓝天！

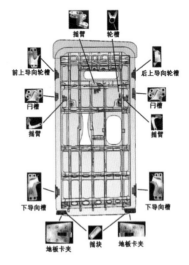

图 6-27　国产大飞机 C919 中的增材制造

5. "医者仁心"的增材制造技术

医生离不开"手术"两个字,对于医生而言,手术就好比一场没有任何模拟的考试,部分手术的高风险性让医生和病人都望而却步,这时候便有人开始尝试利用增材制造技术制作医疗模型,在病人进行手术前,医生通过探测病人体内病变的部位,获取的数据信息经过处理后变成了可以增材制造的数字模型,1:1的医疗模型给了医生"模拟考试"的机会,让医生能够高精度模拟外科手术环境,实现手术过程的精确规划,大大提升了手术成功率。

对于部分病人,增材制造产品能够成为他们身体的一部分,最典型的是骨缺损患者以及因各种因素而造成某部分骨骼切除的病人,如果不做进一步治疗的话可能就会告别正常的生活了,而医生借助增材

图 6-28 增材制造的骨科植入物

制造技术做出完全匹配的金属结构,通过手术安装到病人的体内,并把这类零件称为"植入体",如图6-28所示。截至目前,骨科植入物是增材制造技术在医学领域中最成功的应用,"量体裁衣,度身定做"的模式也能够保证病人尽快恢复。

在未来,人身体中的器官也能够被制造,这并不是遥不可及的科幻!细胞增材制造技术正在将此情景复刻到现实中,即是直接将细胞、

图 6-29 增材制造的仿生耳朵

蛋白及其他具有生物活性的材料作为增材制造的原材料,利用特制设备直接进行细胞打印,从而创造出生物组织和器官等。目前,皮肤和耳朵等已经在动物身上应用,而制作出的肝脏等则被用于药物测试,代替人体对药物进行筛选。图6-29所示为增材制造的仿生耳朵。

第五节　我们能够想到的增材制造——增材制造的发展趋势

增材制造技术目前正处于快速发展和大力推广阶段，虽然成功应用案例已经比比皆是，但依然在不断向前，不断发展。在"中国制造"向"中国智造"转变的关键时期，增材制造技术的自我革命不可缺失。请充分发挥大家的想象力，为增材制造技术添加新一抹色彩。

（1）网络化：在如今网络化的时代，增材制造可以借助网络资源发挥自身的优势。例如，某分公司的设备发生故障，需要及时更换故障零件时，无须再派人到总部去取或者请求邮寄零件，总部可以通过网络将零件的计算机辅助设计模型直接发送过来，然后分公司利用增材制造设备直接打印出零件。这样，原来需要多天完成的事情现在只需几个小时就可以完成。

增材制造的出现激发了人们随时随地想制造东西的念头。例如，今天心情不错，想给自己打印一块手表。首先，借助手机 APP，你可以自己定义手表的颜色和表带的样式，以及自定义表带上的刻字和签名，还可上传几张你手腕的照片以确保完美的贴合。然后下单，造表厂就会根据你的定制进行打印并立即发货。

（2）精密化：精细程度是增材制造技术发展的一个制约因素，增材制造产业想要扩大规模，那么提高精度是必经之路，各类技术需要不断迭代，保证精度才能保证市场前景。

（3）普及化：未来增材制造将走进寻常百姓家，不断小型化的增材制造设备仅仅需要桌面一隅便可放置。桌面级的设备不仅仅包括打印塑料的 FDM 设备，越来越多厂商推出了桌面级的金属增材制造设备，或许很快就会成为人们生活的必需品之一。

（4）多元化：用的、吃的、穿的、住的，增材制造从最开始只能够做出模型，到今天多场景的应用案例，各种类型增材制造技术的发展都功不可没。未来，增材制造大家庭将不断扩充，只要能够想到的零件或产品，几乎都能够找到对应的增材制造技术，多元化的体系将触手可及。

第七章 制造云

1. 云制造的概念

云制造（Cloud Manufacturing，CM）是基于"制造即服务"理念，借助云计算技术、虚拟技术的发展而新兴的生产模式，是先进的信息技术、制造技术和物联网技术等交叉融合的产品。云制造是一个以客户为中心的生产模式，根据共享的需求收集多元化和分散的制造资源，支持制造业在广泛的网络资源环境下形成暂时的、可重构的生产线，以提高生产效率，降低产品生命周期成本，为产品提供高附加值、低成本和网络化制造的服务，并可以为响应客户的个性需求提供最佳资源配置。

2. 云制造的发展

我国制造业不仅面临着全球产业变革和创新驱动的挑战，更是处于从"中国制造"向"中国智造"转变的关键时期，亟需运用新技术、新理念、新模式来实现制造业的转型升级。"中国制造2025"提出，要推动制造业与信息技术深度融合、增强制造业的创新能力，实现制造业的蜕变成蝶、绿色发展。云制造作为互联网时代的一种智能生产模式，是大数据、云计算、互联网、智能制造和物联网等技术运用于工业制造领域并进一步向流通、消费等领域拓展的产物，为制造业从信息化走向服务化、高效低耗提供可行的新思路，对提高生产效率、提升产品质量、降低资源能耗大有裨益。

各国针对云制造关键技术纷纷制定相关国家战略，2012年美国通用电气公司提出了"工业互联网革命"，通过物联网将人、数据和机器连接起来,从而推动工业革命和网络革命两大革命性转变,被称为"美国版工业 4.0",其目标是升级关键的工业领域。2013 年德国发布的"工业 4.0"发展战略中,明确提出信息数据化、智慧化的目标,旨在提升制造业的智能化水平。2010 年我国 863 计划启动了"云制造服务平台关键技术研究",旨在研究集团企业云制造关键技术和搭建面向中小企业的云制造服务平台,全面发展云制造;2015 年国务院发布了《中国制造 2025》强国战略行动纲领,明确提出开展制造业与信息技术融合创新发展,推动我国由制造业大国向制造业强国迈进。

无论是美国 GE 2012 年提出的"工业互联网",德国 2013 年提出的"工业 4.0",还是我国提出的"中国制造 2025",其核心都是通过数字化的转型,来提高制造业的水平。

3.云制造的实质及特点

云制造区别于当前其他先进制造模式的最鲜明特征在于"共享",类似于现在流行的"共享单车",为了让生产出来的单车不闲置,使剩余的制造产能尽可能地最大化利用。当企业设备处于闲置状态的某段时间,可以通过云制造将这部分的产能转交其他需要的企业,解决了中小企业缺少设备的难题。随着"制造即服务"理念的深化,云制造服务集成化越来越高,涉及产品全生命周期内的服务,逐渐演变成"互联网 +"制造新模式。如图 7-1 所示,美国飞机制造商 Boeing 公司的波音 787 飞机的研发和生产过程采用服务外包、网络协同模式,涉及全世界众多零部件供应商与制造商的大规模协同制造,使研发周期缩短 30%,制造成本降低50%。

图 7-1　波音 787 飞机

云制造的实质是两化融合(工业化与信息化),其内涵在于充分运用互联网技术及其营销模式,搭建云制造公共服务平台,按用户需求组织网上制造资源,为用户提供各类按需制造服务的网络化制造,促进制造业升级。当前,我国的制造业总体上仍处于中低端水平,为适应市场竞争压力和应对竞争对手的创新,制造业必须具有适应性。现阶段,云制造作为一种新的基于信息和通信技术的智能制造技术,从根本上改变了制造型企业运营管理和操作方式，突破了制造业领域，从制造、销售领域延伸拓展到使用、服务等领域，对制造业的转型升级带来深远的影响。

云制造的主要特点是资源整合、产业融合和定制生产。首先，在资源整合方面，云制造可以充分利用一站式互联网平台将分散的资源（如相关产品的原材料、设计、工艺、制造、检测、采购、营销、回收等）集中起来，大大削减企业制造成本、提高资源利用率和运营效率。

其次，在产业融合方面，云制造所依托的互联网、物联网、云平台等有利于企业了解产品的销售和使用情况，了解消费者对产品的满意度；有利于企业根据消费者的意愿和需求对产品的结构、功能等进行调整，并提供及时、到位的服务，从而促进生产与市场、生产与消费有效对接。

最后，云制造能够实现定制生产，传统生产模式是企业根据市场调研的结果来决定生产的产品品种和数量，存在消费者与生产者之间的沟通障碍，而电子商务模式消除了生产者与消费者之间的障碍。在云制造共享服务平台上，企业以大数据平台为基础、以柔性化生产为依托，根据客户需求进行个性化定制生产。深入研究和把握云制造的实质及主要特点，是全面发展云制造、推动我国由制造业大国向制造业强国迈进的基础。

4. 云制造的运行模式

云制造需要客户、供应商、云应用平台三者之间的紧密联系，这三者代表了简单的制造关系链，客户的需求通过应用平台向应用层反映，主要运行模式如图 7-2 所示。

图 7-2　云制造运行框架

战略性新兴产业科普丛书（第二辑）· 智能制造

客户是云制造中的消费者，有需要制造的东西，但不具备这样做的能力，或者他们具备这样的能力，但利用云制造可以获得竞争优势。客户的需求伙伴范围可以从个体到任意大中型设备制造商，这些需求都可以基于云应用平台提供给供应商。

供应商指的是拥有并运营制造设备的集体，包括但不限于机械加工技术、后处理技术、检测技术等。除此之外，供应商还必须具备足够的知识和经验以有效利用这些设备。

云应用平台负责管理云制造的环境并将客户的需求转化为大数据。例如，客户所期望的产品需要数控加工路径程序以及相关的工艺步骤来达到要求，这些都可以通过云应用平台实现。最后，应用层找到所需的用户资源并对其进行管理，提供给应用供应商。

综上所述，云制造将客户、供应商、云应用平台连成一个整体，为客户提供可响应的制造服务，同时将分散的供应商资源结合到云应用平台的大数据上，并且输出与客户需求一致的产品。总而言之，充分融合云计算、物联网等新一代信息技术的云制造技术，将切实提高制造业的社会经济效益。

第二节　智能制造的"5G云时代"——工业云

1. 工业云的概念

工业云是一种综合利用先进制造技术、云计算、物联网和大数据等先进信息技术的网络化云应用和制造服务模式，其以云平台为载体、工业服务为基础，通过汇聚不同领域、不同地域的工业资源和能力，以云端的形式向用户提供优质、低成本的服务，进一步深化制造业与互联网融合发展。工业云实质上就是一种工业互联网服务平台，不同于消费领域的服务平台，例如淘宝、京东等以销售商品为主，工业云面向工业企业提供的系统性服务，不局限于工业商品，也包括工业技术、人才资源等。

2. 工业云的发展

随着互联网、物联网、大数据、云计算等新一代信息技术与制造业的融合越来越紧密，互联网从消费领域进一步向制造业领域的渗透拓展，加速了制造业生产方式、产业组织形态和商业模式的变革，工业云应运而生。

2011 年，美国 GE 通用电气公司提出"工业互联网"概念，并开发出专为工业数据分析的工业云平台"Predix 云"，通过云平台将各种工业设备数据集中，让用户可以快速地获取和分析海量的工业数据，帮助各行各业创建和开发自己的工业互联网应用。2016 年西门子推出了基于云的开放式物联网操作系统"MindSphere"，包括数据采集开发者、系统集成商、应用开发者、渠道合作伙伴、设备制造商和最终客户，可以为工业企业提供预防性维护、能源数据管理以及工厂资源优化等创新的数字化服务。工业企业可以通过该平台监测设备群，以便在全球范围内提供有效服务，缩短设备停工时间。2013 年，工业和信息化部在 16 个省开展了工业云创新服务试点，航天云网是航天科工集团"互联网 +"转型的重要载体，是全球第一批工业云平台，通过资源共享平台，解决了航天科工旗下各单位制造资源和制造能力的分布不均匀、效率不高的迫切问题。对于制造业而言，发展工业云的重要意义在于，可以充分发挥当前云计算的技术优势和云服务模式带来的成本优势。通过发展工业云服务和工业云平台，将有效推动软件与服务制造资源关键技术的开放共享，实现制造需求和社会化制造资源的高质高效对接。

3. 工业云发展的主要模式

工业云发展的主要模式包括以下三个方面：

（1）工业云平台上汇集并提供了各种资源和服务，整合 CAD、CAE、CAM、CAPP、PDM、PLM 一体化产品设计以及产品生产流程管理（图 7-3），生产、加工、实验等制造设备资源，工艺、模型、标准、图纸库等技术资源，社会、个人、企业中各种人才智力资源等。

图 7-3　工业云提供的产品一体化设计服务

（2）工业云向企业、个人提供了可对接的平台，任何企业、个人都可以通过工业云平台贡献工业制造资源和能力，同时也可以在平台上获得所需要的资源和能力，促进各种资源服务和用户之间的共享对接，建立开放式的工业共享平台。

（3）提供跨企业的产业协同平台，聚集和共享制造资源与创新资源，利用互联网、物联网、云计算、大数据等信息技术构建企业间的交流合作，支持跨企业、跨领域的研发设计、生产制造等产业链协作，全面引导企业上"云"。工业云促进行业的互联互通，实现了生产模式从传统制造向以服务和客户需求为中心的云制造转变。

4. 工业云在"中国制造 2025"中发挥的作用

（1）工业云催化制造业向"智造"蜕变，为"中国制造 2025"发展战略中智能制造研发创新提供信息技术支撑。以云计算、物联网、大数据为代表的新一代信息技术与制造业融合，已开始扩散向制造业的研发、生产、销售、服务等领域全面渗透，新一代信息技术对经济发展而言至关重要。

（2）工业云为智能制造大数据的管理提供平台支撑，依托工业云平台，大型制造企业可以开放共享平台，上传设备、技术、软件等相关大数据，中小型企业可以融入平台，充分利用云计算高利用率、平台整合便利、资源成本可控的优势，助力中小型传统制造企业转型升级。

（3）工业云能够为中小企业精益生产提供技术支撑，能够有效解决产品研发中成本较高、效率低、产品设计周期长等多方面问题，为中小企业产业化提供咨询服务、共性技术、支撑保障和高效服务，缩短企业信息技术的融入时间，加速中小企业转型升级。

（4）工业云能够加快制造业企业"双创"步伐，推动传统制造业数字化、网络化、智能化转型，依托工业云平台，可以实现制造资源的集中和共享，以制造业和互联网融合为主线，激发制造企业的创新活力、发展潜力和转型动力，探索制造业领域的共享经济新模式。

第三节　如何驱动"工业云"发动机运转——工业大数据

1. 工业大数据的含义

工业大数据（Industrial Big Data）是指在工业领域中，围绕典型智能制造模式，从客户需求到销售、订单、计划、研发、设计、工艺、制造、采购、供应、库存、发货和交付、售后服务、运维、报废或回收再制造等整个产品全生命周期各个环节所产生的各类数据及相关技术和应用的总称。工业大数据是互联网、大数据和工业产业结合的产物，其本质是基于互联网基础上的数据收集、特征分析的信息化应用，核心在于工业产品数据的挖掘，改变了传统工业数据的局限性，还涉及其他工业大数据相关技术和应用。

2. 工业大数据的分类

第一类是生产经营相关业务数据。例如，企业的财产、资金、供应商基础信息、产品等数据，这些数据可以在企业信息化建设的过程中不断积累，显示出企业的经营要素和绩效，帮助企业做出更具相关性和指导性的决策。

第二类是生产数据。生产数据决定着企业的价值差异，指的是企业生产过程中积累的数据，包括企业的产品原料规格、软件系统、研发设计、固有设备、工艺、工装、生产线以及售后服务等，这些数据体现着企业工业生产中的价值。通过数据的挖掘与分析，可以帮助企业进行需求分析，并能够发现产品设计加工中的缺陷。

第三类是外部数据。主要是指对工业生产过程带来约束的数据，包括设备诊断系统、仓库环境数据、能源损耗数据以及废弃物的排放等。

从目前的工业大数据来看，生产经营相关业务数据使用量最大，生产数据与环境数据差距较大，而从未来发展趋势来看，生产数据在工业大数据中所占的比重会越来越大，外部数据也会随之改善。工业大数据研究的本质目标就是从工业复杂的数据中挖掘新的模式与有价值的新数据，从而促进企业产品创新、产业升级，提升企业的生产运作效率。

3. 工业大数据的特征

（1）数据容量大：工业大数据体量大，大量设备运行带来的数据以及互联网数据的持续涌入，使得数据量呈现海量趋势，且更新频率极高。

（2）多样性：工业大数据类型多、分布广，涵盖了企业资产、机器设备、互联网、运行系统、产品数据模型、产线布置等，并且结构复杂。

（3）快速：不仅数据采集速度快，而且要求数据处理速度快，需要交互式或批量化处理数据。

（4）价值密度低：相对于分析结果的高可靠性要求，工业大数据的真实性和质量比较低，工业大数据更强调用户价值驱动和数据本身的可用性。

（5）跨尺度：工业大数据需要把不同空间、时间尺度的信息集成到一起，因此需要综合利用物联网、云计算等信息技术。

（6）强关联性：一方面，产品生命周期同一阶段的数据具有强关联性，如产品零部件组成、工况、设备状态、维修情况、零部件补充采购等；另一方面，产品生命周期的研发设计、生产、服务等不同环节的数据之间需要进行关联。

4. 工业大数据的发展历程

关于大数据的历史，这个词最早出现在 1980 年，在著名的未来经济学家托夫勒所著的《第三次浪潮》中指出："如果说 IBM 的主机拉开了信息化革命的大幕，那么大数据才是第三次浪潮的华彩乐章"。工业大数据已经成为当前制造业转型升级的关键，也是工业 4.0 的重要核心。2003 年，苹果推出网络商店 iTunesStore，具有数字音乐搜索、数据共享与评价、消费记录等大数据功能。2014 年，"大数据"首次写入我国《政府工作报告》。2017 年工信部发布《大数据产业发展规划（2016-2020 年）》，提出了"到 2020 年，技术先进、应用繁荣、保障有力的大数据产业体系基本形成"的发展目标。2018 年工信部发布《推动企业上云实施指南（2018-2020 年）》，支持企业运用云计算加快数字化、网络化、智能化转型。国家在工业大数据的需求端和供给端均出台了相应的政策、规划，加快了信息化技术和工业的深度融合，加速催生新技术、新产品和新模式。国务院印发《促进大数据发展行动纲要》与《中国制造 2025 重点领域技术路线图》，二者都将工业大数据作为重点发展方向，促进中国制造业从价值链的低端向中高端转变。

5. 工业大数据与智能制造的联系

大数据与智能制造的关系如图 7-4 所示，其中涉及的三部分内容如下：

（1）问题：制造系统中可见或不可见的问题，像冰山模型上可见

图 7-4　大数据与智能制造的关系

的一角和海面下不可见的部分，例如设备故障、设备内部磨损腐蚀、质量精度缺陷以及加工成本高等问题。

（2）数据：通过问题的导向来获取数据，数据来源于制造系统的5个核心要素（5M）——材料（Material）、装备（Machine）、工艺（Methods）、测量（Measurement）、维护（Maintenance），通过上述五个要素反应出问题发生的过程和问题产生原因的数据。

（3）知识：作为智能制造系统的核心，用来解决制造系统中的问题，而大数据分析可以帮助知识的迅速获取和累积。

因此，大数据与智能制造之间的关系可以概括为：制造系统中问题的产生和解决都会产生大量的工业大数据，通过对制造系统的材料、装备、工艺、测量和维护五个过程中的数据进行分析和挖掘，可以了解问题的起源、影响和解决措施；当这些分析处理的过程转化成知识，再用知识去分析、解决和避免问题，自发循环进行，就是典型的智能制造模式。

大数据对智能制造的作用可以概括为三个方面：

（1）通过将问题的产生转变为数据，并对其分析、建模和管理，从而总结出解决问题的经验，进而从解决问题到预防避免问题。

（2）通过对数据的分析，发现制造系统中的不可见问题，对这些不可见的问题进行预测和管理，从而避免其发展成为可见问题，将这些分析手段和过程转化为知识，引领智能制造。

（3）按照逆向工程的思维，利用知识对整个制造系统生产的流程进行剖析和建模，将知识再转变成生产设计中工艺、决策的数据，从根本上去解决和避免问题。

第四节　神奇制造在哪里——云制造的工业应用

1. 工业云的应用

（1）在设备生产维护中的应用

工业云是基于云计算技术，通过整合云计算、工业物联网、工业大数据、工业信息安全、先进制造业等技术，面向制造型企业提供产品创新的服务平台，基于企业的产品进行拓展延伸，以信息化和物联网为技术手段，实现中国制造生产设备的网络化、生产数据的可视化、生产车间的无人化以及设备维修的迅捷化。在实际工业生产维护过程中，工程师对设备的维护不到位，很多隐患不能及时发现，问题得不到解决，导致设备运行出现故障，现场维修效率低，进而造成了巨大的经济损失。

因此，基于工业云开发出一种设备远程协同维修系统，如图7-5所示，主要包括设备数据采集分析、远程故障诊断维护、远程配件采购、人员维修设计等功能，用户可以通过该工业云运行维护系统及时将现场故障传递给远程故障诊断中心，第一时间为用户实现故障诊断，并联系到相关的设计部门、零配件供应商、维修工程师等，为用户提供维修服务。通过工业云平台积累的数据为产品的优化设计、设备健康评估提供数据支撑，针对可能发生故障的地方进行优化分析，提升设备的寿命，减少因为设备故障停工所带来的成本问题。此外，通过工业云平台可以实现维修工程师的精准定位和就近指派，提高了设备生产维护的效率，促进制造业产业升级。

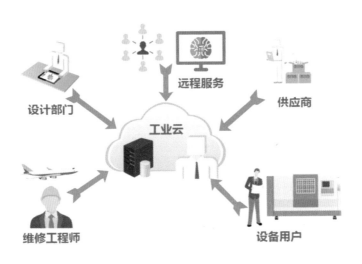

图7-5　工业云服务模式

（2）在企业信息化建设中的应用

针对中小型企业信息化发展中面临的资金不足，专业技术缺乏，信息技术应用的深度、广度和集成度较低的难题，工业云作为工业软件服务与云计算相结合的创新模式，能够帮助中小型企业解决研发创新的难题以及产品信息化成本高、产品设计周期长等问题。工业云通过物联网可以为企业提供工业数据访问平台，为设备供应商提供远程诊断服务平台。此外，工业云还包括市场需求和生产性服务的对接平台以及行业管理平台，主要提供云设计、云制造、云协同、云资源、云社区、云存储等服务。

工业云在企业信息化建设中的应用涵盖了研发设计、工程服务、协同管理、培训服务、社区服务等。具体包括：①在研发设计中，通过云端提供了产品设计工具的标准件库、零件材料特性、国家行业标准规范等基础数据，满足企业工业设计管理的应用需求。②在工程服务中，工业云平台涵盖了丰富的专家资源和云计算基础设施，提供了各类复杂的工程应用和生产服务的对接平台，以低成本提供仿真服务、工艺技术等服务，为企业的产品创新提供有力支撑。③在协同管理中，工业云的物联网平台极大提升了跨地域的协同平台能力，为企业提供数据规范化的服务，也可以在云端上配置企业业务。④在培训服务中，工业云提供大量的教学资源，包括数控编程、装配工艺、结构仿真等，还为工程师提供在线培训、在线课堂和在线交流。⑤在社区服务中，建立每个企业的互联网社区，工程师可以在内部交流，也可以跨社区交流，形成交流网络。

2. 工业大数据的应用

（1）在汽车智能制造体系中的应用

基于工业大数据协同的新一代智能制造将给制造业带来革命性的变化，成为制造业未来发展的核心驱动力，而汽车制造企业对智能制造转型升级的需求非常迫切，需要针对汽车制造过程和供应链业务建立自身的工业大数据平台，实现汽车行业的智能化升级。围绕整个汽车产品产生的数据，主要分为汽车零部件加工阶段的零件材料、尺寸数据和工艺流程，装配阶段的装配数据、设备安装服务数据和汽车运行数据，售后阶段的用户反馈数据、维修数据等。针对工业大数据在汽车智能制造体系中的应用可包括以下三个方面。

①在汽车生产制造的全工艺流程布置智能装备及传感器，提高汽车制造生产线的数字化和网络化程度，对汽车全工艺流程实行数据采集。汽车产业智能化生产、运营与供应链管理都是以工业大数据驱动的，需要建立汽车智能制造控制与信息系统对数据采集、管理，实时的智能感知和捕获来自汽车制造现场的数据系统，为后续对工艺流程控制提供数据支撑和服务。

②对采集到的工业大数据进行分析处理，实时优化和智能协同生产运营决策，形成汽车制造的智能生产线。通过建立汽车智能制造大

数据计算平台，对数据和算法提供计算能力，模拟出汽车制造真实的动态场景，为汽车智能制造创新应用提供保障。

③建立以工业大数据为基础的智能化服务平台，以汽车运行数据为基础，利用网络实时传输到汽车企业的智能化服务系统，能够远程数据监测、分析及诊断故障，一旦发现故障，对设备提出检修建议，并根据推荐的方案预先安排零配件供应商，根据库存安排是否需要加工生产，从而缩短服务时间。当客户对汽车进行检修时，通过智能化服务平台调动最优化的人员安排和服务方案，完成汽车维修改进。

（2）在智慧工厂中的应用

智慧工厂是在数字化工厂的基础上，即生产制造、工程技术、生产销售和管理服务全面实现数字化的基础上，进一步发展成为生产制造智能化、工程技术智能化以及销售管理智能化的工厂模式。智慧工厂的核心能力在于数据能力，形成数据信息—知识驱动的路径，融合了以产品研发设计、数字样机、仿真为主的数字制造体系和以智能系统、智能生产线、物联网、云计算等为主的智能制造体系，将不同公司的硬件、软件、传感器等通过物联网搭建起共同的工厂系统模型、集成管理模型。通过工业大数据实现智慧工厂的以下三个基本方面。

①在工厂内部依托工业物联网，实现产业互联，实现工业生产相关数据的自动采集与数据集成，协调生产各环节，提高智慧工厂生产效率。

②通过对工业生产大数据的采集和分析处理，实现智慧工厂内部的实时监控、智能调度、设备维护和质量控制等智能化服务，实现"制造智能"，提升智慧工厂的智能化水平。

③推动服务型智慧工厂的建设，将工厂智能化服务资源同步到云平台上，推动产品功能和生产工艺的不断创新，丰富智慧工厂的功能，促进新商业模式形成。

我国制造业正处于从"中国制造"向"中国智造"转变的关键时期，云制造作为一种新技术、新理念、新模式，集成了云计算、物联网、网络化制造等多种技术，实现对制造资源的集中智能管理，促进制造业的转型升级。基于工业云应用平台的服务系统为云制造提供所需的数据、知识和信息，如同人类的眼睛；工业大数据对资源的整合、分析和处理，实时为云制造提供智能调度、决策，如同人类的大脑。通过运用"工业云＋工业大数据"让云制造能够"看得见""有智慧"！

第八章 数字孪生

第一节　数字"双胞胎"诞生——数字孪生

由"孪生"自然联想到日常生活中"双胞胎",那么加上了"数字"二字,"双胞胎"又是什么意思呢?大家来探究一下吧!

什么是数字孪生?

数字孪生可以表述为:充分利用物理模型、传感器更新、运行历史数据,集成多学科、多物理量、多尺度、多概率的仿真过程,在虚拟空间中完成映射,从而反映相对应的实体装备的全生命周期过程。这段描述看起来比较抽象,也可以形象地表述为:数字孪生就是在一个设备或者系统的基础上创造一个数字版的"克隆体",它是虚拟的,是在信息化平台上被创建出来的。这个数字版的实物"双胞胎",就是所要介绍的主角——数字孪生。

相比于大家运用软件绘制的三维模型,数字孪生的最大特点在于:是对实体对象的全生命周期动态仿真,即数字孪生是会"动"的,而且不是随便乱"动",其"动"的依据来自本体的物理模型,还有对应实体中传感器反馈的数据,以及对应实体运行的历史数据。也就是说,对应实体的实时状态,还有外界环境条件,都会复现到"孪生体"身上。

如果需要做系统设计改动,或者想要知道系统在特殊外部条件下的反应,工程师们可以在孪生体上进行"试验"。这样,既避免了对实体的影响,也可以提高效率、节约成本。除了"会动"以外,理解数字孪生还需要记住三个关键词,分别是"全生命周期""实时/准实时""双向"。

"全生命周期"是指数字孪生可以贯穿产品的设计、开发、制造、服务、维护乃至报废回收的整个周期，并不仅仅局限于帮助企业把产品更好地造出来，还包括帮助用户更好地使用产品。

"实时 / 准实时"是指实物本体和孪生体之间，可以建立全面的实时或准实时联系。两者并不是完全独立的，映射关系也具备一定的实时性。

"双向"是指实物本体和孪生体之间的数据流动可以是双向的，并不是只能实物本体向孪生体输出数据，孪生体也可以向实物本体反馈信息。企业可以根据孪生体反馈的信息，对实物本体采取进一步的行动和干预。

简而言之，数字孪生体可有多种基于数字模型的表现形式。在图形上，有几何、高保真、高分辨率渲染、抽象简图等；在状态和行为上，有设备运行、受力、磨损、报警、宕机、事故等；在质地上，有材质、表面特性、微观材料结构等。如图 8-1 所示。

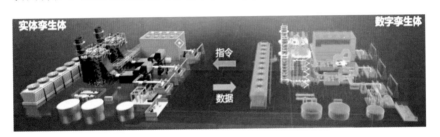

图 8-1　数字孪生示意图

1. 数字孪生的起源与发展

数字孪生（Digital Twin）最早由 Michael Grieves 博士于 2002 年 10 月在美国制造工程协会管理论坛上提出，后来美国空军实验室 2009 年介绍"机身数字孪生（Airframe Digital Twin，ADT）"概念。2013 年，美国空军将数字孪生和数字线程（Digital Tread）列入其《全球科技愿景》。

随着物联网技术、人工智能和虚拟现实技术的不断发展，更多的工业产品、工业设备具备了智能的特征，而数字孪生也逐步扩展到了包括制造和服务在内的完整的产品全生命周期，并不断丰富着数字孪生的形态和概念。大致可以把数字孪生发展历程划分为四个阶段，见表 8-1。

表 8-1　数字孪生发展的四个阶段

时间	数字孪生发展状况
1960- 世纪之交	数字孪生体的技术准备期，主要指 CAD/CAE 建模仿真、传统系统工程等预先技术的准备。
2002-2010	数字孪生的概念产生期，指数字孪生模型的出现和英文术语名称的确定。预先技术继续成熟，出现仿真驱动的设计、基于模型的系统工程（Model-Based Systems Engineering, MBSE）等先进设计范式。
2010-2020	数字孪生的领先应用期，主要指 NASA、美军方和 GE 等航空航天、国防军工机构的应用。这段时间也是物联网、大数据、机器学习、区块链、云计算等外围使能技术的准备期。
2020-2030	数字孪生技术的深度开发和大规模扩展应用期，产品生命周期管理（Product Lifecycle Management, PLM）领域，或者说以航空航天为代表的离散制造业，是数字孪生概念和应用的发源地。目前，数字孪生技术的开发正与上述外围使能技术深度融合，其应用领域也正从智能制造等工业化领域向智慧城市、数字政府等城市化、全球化领域拓展。

2. 数字孪生有什么作用？

数字孪生以数字化的形式在虚拟空间中构建了与物理世界一致的高保真模型，通过与物理世界之间不间断的闭环信息交互反馈与数据融合，能够模拟对象在物理世界中的行为，监控物理世界的变化，反映物理世界的运行状况，评估物理世界的状态，诊断发生的问题，预测未来趋势，乃至优化和改变物理世界。数字孪生能够突破许多物理条件的限制，通过数据和模型双驱动的仿真、预测、监控、优化和控制，实现服务的持续创新、需求的即时响应和产业的升级优化，正在成为保证质量、提高效率、降低成本、减少损失、保障安全、节能减排的关键技术。表 8-2 为数字孪生的主要功能与作用。

表 8-2　数字孪生的主要功能与作用

功能	应用场景	主要作用
仿真	虚拟测试（如风洞试验） 虚拟验证（如结构验证、可行性验证） 过程规划（如工艺规划） 操作预演（如虚拟调试、维修方案预演）	减少实物试验次数 缩短产品设计周期 提高可行性、成功率 降低试制与测试成本
监控	隐患排查（如飞机故障排查） 行为可视化（如虚拟现实展示） 运行监控（如装配监控） 故障诊断（如风机齿轮箱故障诊断） 状态监控（如空间站状态监测） 安防监控（如核电站监控）	减少危险和失误 识别缺陷 稳定运行 定位故障 信息可视化 保障生命安全

功能	应用场景	主要作用
评估	状态评估（如汽轮机状态评估） 性能评估（如航空发动机性能评估）	提前预判 指导决策
预测	故障预测（如风机故障预测） 寿命预测（如航空器寿命预测） 质量预测（如产品质量控制） 行为预测（如机器人运动路径预测） 性能预测（如实体在不同环境下的表现）	减少宕机时间 缓解风险 避免灾难性破坏 提高产品质量 验证产品适应性
优化	设计优化（如产品再设计） 配置优化（如制造资源优选） 性能优化（如设备参数调整） 能耗优化（如汽车流线性提升） 流程优化（如生产过程优化） 结构优化（如城市建设规划）	改进产品开发 提高系统效率 节约资源 降低能耗 提升用户体验 降低生产成本
控制	运行控制（如机械臂动作控制） 远程控制（如火电机组远程启停） 协同控制（如多机协同）	提高操作精度 提高生产灵活性 实时响应扰动

3. 数字孪生在产品生命周期中的各个阶段

数字孪生技术贯穿了产品生命周期的不同阶段，与 PLM（Product Lifecycle Management）的理念不谋而合。可以说，数字孪生技术的发展将 PLM 的功能和理念，从设计阶段真正扩展到了全生命周期。

（1）设计阶段的数字孪生

利用数字孪生可以提高设计的准确性，并验证产品在真实环境中的性能。这个阶段的数字孪生主要包括：数字模型设计，即采用 CAD 工具开发出满足技术规格的产品虚拟原型，精确记录产品的各种物理参数，以可视化的方式展示出来，并通过一系列的验证手段来检验设计的精准程度；模拟和仿真，即通过一系列可重复、可变参数、可加速的仿真实验，来验证产品在不同外部环境下的性能和表现，在设计阶段就能验证产品的适应性。

（2）制造阶段的数字孪生

利用数字孪生可以加快产品导入的时间，提高产品设计的质量、降低产品的生产成本和提高产品的交付速度。制造阶段的数字孪生主要包括：生产过程仿真，即在产品生产之前，可以通过虚拟生产方式模拟不同产品在不同参数、不同外部条件下的生产过程，实现对产能、效率以及可能出现的生产瓶颈等问题提前预判；数字化生产线，即将生产阶段的各种要素，如原材料、设备、工艺配方和工序要求，通过数字化手段集成在一个紧密协作的生产过程中，并根据既定的规则，自动完成在不同条件组合下的操作，实现自动化生产；关键指标监控和过程能力评估，即通过采集生产线中各种生产设备的实时运行数据，实现生产过程的可视化监控，并通过经验或机器学习建立关键设备参数、检验指标的监控策略，对出现的异常情况进行及时处理和调整，实现稳定并不断优化的生产过程。

（3）服务阶段的数字孪生

随着物联网技术的成熟和传感器成本的下降，很多工业产品，从大型装备到消费级产品，都使用了大量的传感器采集产品运行阶段的环境和工作状态，并通过数据分析和优化来避免产品故障，改善用户对产品的使用体验。这个阶段的数字孪生主要包括：远程监控和预测性维修，即通过读取智能工业产品的传感器或者控制系统的各种实时参数，构建可视化的远程监控，结合采集的历史数据，构建层次化的部件、子系统乃至整个设备的健康指标体系，并使用人工智能技术实现趋势预测；优化客户的生产指标，即通过采集工业装备的海量数据，构建出针对不同应用场景、不同生产过程的模型，帮助客户优化参数配置，以改善客户的产品质量和生产效率；产品使用反馈，即通过工业产品制造商洞悉客户对产品的真实需求，帮助客户加速对新产品的导入周期，避免产品错误使用导致的故障，提高产品参数配置的准确性，避免研发失误。

第二节　"双胞胎"加盟制造业——赋予智能

数字孪生是实现信息与物理融合的有效手段。一方面，数字孪生能够支持制造的物理世界与信息世界之间的映射与双向交互，从而形成"数据感知—实时分析—智能决策—精准执行"的实时智能闭环；另一方面，数字孪生能够将运行状态、环境变化、突发扰动等物理实况数据与仿真预测、统计分析、领域知识等信息空间数据进行全面交互与深度融合，从而增强制造的物理世界与信息世界的同步性与一致性。数字化加工装备系统的数字孪生如图8-2所示。

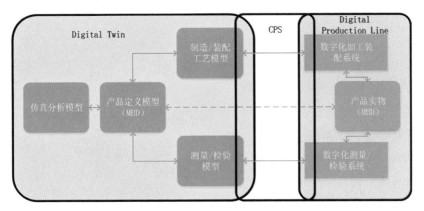

图 8-2　数字化加工装备系统的数字孪生示意

随着"工业 4.0"时代的到来，数字孪生与深度学习技术成为实现制造加工设备智能化的一种可行有效的方法，预测式管理策略是数字孪生与深度学习技术的一种延伸，通过建立制造加工设备的数字孪生体来解决物理信息与虚拟信息的融合问题，并基于加工过程中产生的大量数据，利用深度学习技术提取数据之间的高维关联特征，对设备的行为状态进行监测、预测并进行反馈调节，降低设备在运行过程中的不稳定性，从而减少可能出现的未知问题，使企业对制造加工设备的管理策略由被动式向预测主动式迈进。

采用数字孪生技术，可以完美地将真实物理对象 1:1 复制到数字化孪生系统，图 8-3 所示是风力发电机的"双胞胎"系统，在数字化环境中可以部署即将上线的试验项目或变更运行条件，确定其对环境的影响，通过"真实替身"演练，从而降低部署和变更可能造成的隐患，发现深层次技术问题。而在数字化环境中，通过使用数字孪生，则可以使真实环境不再需要承担技术风险，降低了试验成本，同时获得完全等同的结果反馈。因此，数字孪生加盟制造业具有如下三个方面的优势。

图 8-3　数字化环境中的 1:1 风力发电机"双胞胎"

（1）更适合创新与优化

数字孪生通过设计软件、仿真工具、物联网、虚拟现实等各种数字化的手段，将物理设备的各种属性映射到虚拟空间中，形成可拆解、可复制、可转移、可修改、可删除、可重复操作的数字镜像，这极大地加速了操作人员对物理实体的深入了解，可以完成很多原来由于物理条件限制、必须依赖于真实的物理实体而无法完成的操作，更能激发人们去探索新的途径来优化设计、制造和服务。

（2）更全面的测量

传统测量方法，必须依赖价格不菲的物理测量工具，例如传感器、采集系统、检测系统等，才能够得到有效的测量结果，而这无疑会限制测量覆盖的范围，对于很多无法直接采集到测量值的指标，往往无能为力。而数字孪生技术，可以借助于物联网和大数据技术，通过采集有限的物理传感器指标的直接数据，并借助大样本库和数学建模，通过机器学习推测出一些原本无法直接测量的指标。

（3）更全面的分析和预测能力

现有的产品生命周期管理，很少能够实现精准预测，因此无法对隐藏在表象下的问题提前进行预判。而数字孪生可结合物联网的数据采集、大数据处理和人工智能的建模分析，实现对当前状态的评估、对过去发生问题的诊断以及对未来趋势的预测，并给出科学合理的分析结果，模拟各种可能性，提供更全面的决策支持。

第三节　制造装备健康谁负责——故障预测与健康管理

1. 故障预测与健康管理（PHM）

PHM（Prognostic and Health Management）概括地讲是一门系统工程学科，它聚集了复杂设备健康状态监测、故障诊断与预测、运维优化等多项技术，其目标是准确判断故障并及时快速处理，提高效率，让制造设备更安全、可靠地运行。结合现场实际，通过数据挖掘和处理分析，建立数据架构和对象模型，然后把设备运行过程中不同维度的状态数据整合到模型中，再量化成能够反映系统性能衰退的具体指标，以实现对制造装备健康状况更为精准的预测。基本原理如图8-4所示。

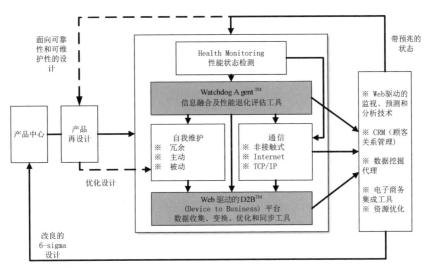

图 8-4　故障预测与健康管理（PHM）基本原理

从最早的设备故障修理，到基于状态的预防性维护，发展到现在的 PHM。简而言之，PHM 能够把不确定的信息确定化，提高了工作效率，预测并管理设备未来可能出现的风险，进而降低系统运维成本。图 8-5 所示为数控设备所用的 PHM 体系结构图。

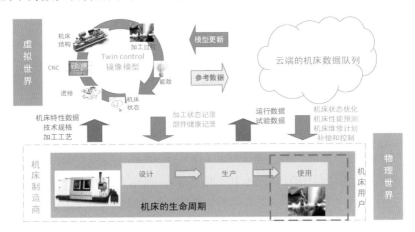

图 8-5　数控设备 PHM 视情维修体系结构

由此可见，所谓"故障预测"，即为预先诊断设备部件或系统完成其功能的能力，包括确定部件的残余寿命或正常工作的时间长度；所谓"健康管理"，即为根据诊断预测信息、可用资源和使用需求对维修活动做出适当决策的能力。综合考虑上述两个方面的能力，PHM 是指利用各种传感器在线监测、定期巡检和离线检测相结合的方法，广泛获取设备状态信息，借助各种智能推理算法（如人工神经网络、数据融合、模糊逻辑、专家系统等）来评估设备本身的健康状况；在制造装备发生故障之前，结合历史工况信息、故障信息、试车信息等多种信息资源对其故障进行预测，并提供维修保障计划等以实现系统的视情维护。

PHM 是机内测试和状态监测的拓展，是从设备级状态监测与故障诊断到系统级综合诊断与状态管理的转变。引入故障预测来预知、识别和管理故障的发生，其目的是减少制造装备的维修耗费、增加设备完好率和实现自主式保障。

PHM 支持以可靠性为中心的维修（Reliability-Centered Maintenance，RCM）及基于状态的视情维修（Condition Based Maintenance，CBM）基本原理，且在预测性维修（Predictive Maintenance，PdM）及主动性维修的实践中得到证明，其重要性超出了设备监控和设备检修，并进入到企业管理和业务智能化层面。对复杂装备进行状态监测与设备健康管理可以提高装备质量及管理水平，从而建立信息化和智能化维修管理机制。

2. 企业为什么需要 PHM

（1）制造装备智能化

未来的设备将越来越智能化，具备状态自知觉、趋势可预测以及洞察可传承等能力。通常，运维过程只能看到设备故障的一些表象问题，例如功能失效、振动噪声及稳定状态等，但并不清楚具体是磨损、环境造成腐蚀还是本身设计缺陷导致这些结果，需要引入智能技术来帮助识别并预测其发展趋势及可能产生的故障信息。

（2）信息共享智能化

未来维护系统的另一个关键组成部分是信息共享的智能化。为此，李杰教授曾提出 OHIO（Only Handle Information Once）的概念，即只对信息做一次处理。自动化协同传递出来的信息，可以直接推送给所有需要知道这些信息的用户，给不同用户以最合适的方式分享最有用的信息。

（3）运维技术智能化

操作设备的智能信息及同步分享的状态信息等都需要传递到运维这个层面，让用户能够实现运维决策优化，并对运维任务的优先级进行排序，最终实现制造装备平均无故障时间的大幅提高。

第四节 边缘计算辅佐 PHM——预测性维护

1. 边缘计算（Edge Computing，EC）

边缘计算，指的是部署在网络边缘的具有先进的电信网络属性的计算环境（即边缘计算网络或边缘云），边缘计算靠近物体或数据源头的一侧，采用网络、计算、存储、应用核心能力为一体的开放平台，其架构如图8-6所示。网络边缘侧可以是从数据源到云计算中心之间的任意功能实体，这些实体搭载着融合网络、计算、存储、应用核心能力的边缘计算平台，为终端用户提供实时、动态和智能的服务计算。简单来说，可以把整个系统想象成章鱼一样，处理数据不用上传至章鱼的大脑（云计算中心），而是直接由章鱼的触手或者是触手上的吸盘直接分析处理（边缘基础设施），并及时反馈到客户端。

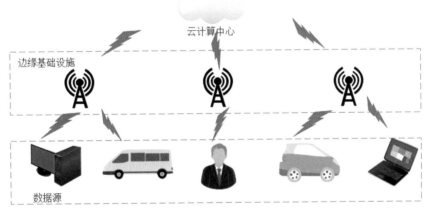

图 8-6　边缘计算架构图

边缘计算处理数据具有明显的技术优势。

（1）缩短了延迟时间。边缘计算可以实时或更快地进行数据处理和分析，让数据处理更靠近源头，而不是外部数据中心或者云。

（2）降低了综合成本。企业在本地设备上的数据管理解决方案所花费的成本大大低于云和数据中心网络。

（3）减少了网络流量。随着物联网设备数量的增加，数据生成急剧增长，网络带宽变得更加有限，可能会导致数据传输瓶颈。

（4）提高了应用程序效率。通过降低延迟级别，应用程序可以更高效、更快速、更实时地运行。

（5）具有个性化。通过边缘计算，可以持续学习，根据个人的需求调整模型，带来个性化互动体验。

2. 预防性维护（Preventive Maintenance，PM）

传统意义上的工业制造维护方式可以划分为修复性维护与预防性维护。修复性维护，即指设备发生故障后再进行维修，这样会对生产计划造成影响，还需要一定数量的备件和专业维护团队，增加了综合维护成本。预防性维护，即指有计划的定期设备维护和零配件更换，通常包括保养维护、定期检查、定期功能检测、定期拆修、定时更换等多种形式。定期维护需要对设备进行停机，实施整体检测和保养，耗时较长，效率较低，多数依靠经验，可能还会带来新的潜在故障风险。

为此，希望出现一种以预测故障发生的时间，并实时、高效地对工业制造设备进行维护的方式。在物联网和大数据成熟的时代，预测性维护应运而生。

3. 边缘计算与预测性维护

预测性维护模式的应用过程中，会面临一些现实的问题。例如，一台工程机械每天产生的海量数据如果被全部采集并上传到云端再进行分析处理，势必将会造成网络的巨大负荷，而且也难以满足关键业务的实时性需求。如何解决海量终端的连接、管理、实时分析处理，成为预测性维护模式能否落地的技术难题。

边缘计算以及基于边缘计算的物联网可以有效地构建预测性维护方案。首先，是将边缘计算架构引入物联网领域。在靠近设备或数据源头的网络边缘侧，部署融合网络、计算、存储、应用核心能力的边缘计算网关和终端通信模块，为边缘计算提供包括设备域、网络域、数据域和应用域的平台支撑。其次，边缘计算聚焦实时、短周期数据的分析，能更好地支撑故障的实时告警，快速识别异常。此外，边缘与云端之间还存在着紧密的互动协同关系。边缘计算既靠近设备，更是云端所需数据的采集单元，可以更好地服务于云端的大数据分析；反之，云计算通过大数据分析，优化输出的业务规则，也可以下发到边缘侧，边缘计算基于新的业务规则进行业务执行的进一步优化处理。

采用预测性维护能给生产制造带来巨大好处，据统计：停机时间降低40%，机器故障降低70%，维护成本降低50%，产量提高25%，综合效益增益20%。

第五节　数字孪生应用案例及领域

1."双胞胎"为飞机健康保驾护航

美国空军在 2011 年提出了一个机身数字孪生（Airframe Digital Twin，ADT）的概念，认为它是一个覆盖飞机全生命周期的数字模型，如图 8-7 所示。

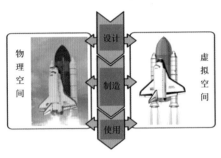

图 8-7　飞机全生命周期的数字模型

通过集成气动分析、有限元等结构模型以及疲劳、腐蚀等材料状态演化模型，同时利用机身特定几何、材料性能参数、飞行历史以及检测维修数据等动态更新模型，ADT 可以准确预报飞机未来行为，并指导决策者为每架飞机定制个性化管理方案，以期延长飞机使用寿命并降低维护成本。机身寿命预测原理流程如图 8-8 所示。

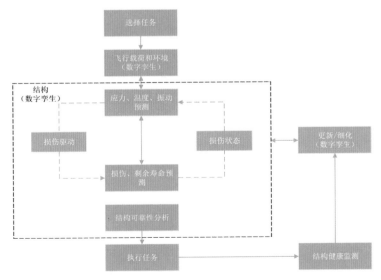

图 8-8　基于数字孪生的飞机机身寿命预测过程

相比于传统的寿命预测过程，基于数字孪生的寿命预测具有如下优点：结构分析不再只是在某些工程经验判断的关键点上开展，避免了误判导致的结构提前失效；实现了应力和损伤预测的双向耦合，提高了剩余寿命的预测精度；实时监测的数据用来动态更新模型，进一步提高分析可靠性。图8-9所示为美国波音F-15C飞机的多个数字孪生模型。

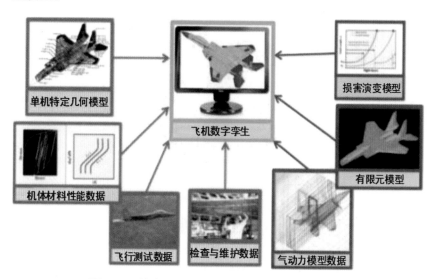

图8-9　波音F-15C飞机的多个数字孪生模型

2. 数字孪生的应用领域

数字孪生应用越来越广泛，不仅仅是在航天航空领域。当前数字孪生已经得到了很多行业关注，并开展了应用实践。除制造装备领域以外，近年来数字孪生还被应用于电力、医疗健康、城市管理、铁路运输、环境保护、汽车、船舶、建筑等行业，并展现出巨大的应用潜力，见表8-3。

表8-3　数字孪生应用领域

数字孪生应用行业	数字孪生在对应行业中的作用
石油天然气	设备故障预测、设备维修规划、设备设计验证、设备状态远程监测、数据可视化与集成
汽车	汽车研发环节验证、汽车运行状态监测、故障诊断与维护维修、不同环境行驶过程模拟
电力	电厂三维可视化管理、电厂运行优化、电力设备健康管理、通用电网模型构建、电网设计及运维

战略性新兴产业科普丛书（第二辑）·智能制造

数字孪生应用行业	数字孪生在对应行业中的作用
航空航天	飞行器故障预测、飞行器维护维修、机组人员安全、生产及装配优化、供应链数字化、发动机设计与管理
健康医疗	设备功能测试、设备故障预测、医疗资源管理优化、策略变更验证、治疗与手术方案验证
船舶航运	船舶设计优化、远程交互、资产管理、船舶预测性维修、港口状况监测与决策优化
环境保护	森林资源管理优化、污水处理决策优化、风电场运行优化与设备健康管理
建筑	施工进度监测、施工人员安全管理、建材监测与废物追踪、施工现场设备效率优化、建筑性能与质量评估、建筑设计与运营优化
铁路运输	车站与铁路设计、施工进度管理、车队维护与调度、列车准点运行与到发、列车故障远程诊断、决策优化
城市管理	城市分析与规划、动态事件实时优化、灾害模拟与影响预测、科学研究与虚拟实验、交通路线优化
其他行业	农业：农作物与牲畜监测管理 文化：物质文化遗产数字化建设 教育：物理设备与场景模拟 信息安全：私有数据保护

第九章 信息物理系统

1. 从 CPS 的 "C" 开始聊起

第一次看到标题的读者可能会有疑问，"信息物理系统"为什么叫作"CPS"而不是"IPS"？这的确是一个值得关注的问题："信息物理系统"中的"信息"并不是人们常说的"Information"，而是另一个单词前缀"Cyber-"，因此，信息物理系统的英文全称是 Cyber-Physical System，简称 CPS。从单词本身来看，Cyber- 并不是一个古老的前缀，起源于 1948 年创造的单词 Cybernetics，意思是控制论。后来，人们把 Cyber- 作为前缀，用于表示与自动控制、计算机、信息网络相关的事物。其实，Cyber- 在国内还有一个更加流行的译法叫作"赛博"或"赛伯"，早期因为经常出现在科幻小说、电影中而被大家熟悉。例如，科幻动画变形金刚中的塞伯坦星球 Cybertron，科幻小说神经漫游者中的赛博空间 Cyberspace，等等。此后"赛博"也经常和高科技联系在一起，如图 9-1 所示。

图 9-1 日常生活中的"赛博"

在国内相关专业领域中，部分学者把 CPS 称为赛博物理系统，本章选用工信部给出的译法——信息物理系统。不难看出，相对于 Information 而言，Cyber- 的含义更加宽泛。类似地，信息物理系统中的"物理"也不同于中学、大学学习的物理学科，这里可以通俗地理解为实体设备或装置。两者结合在一起，即表示通过网络、通信、控制、人工智能等技术将现有的各种工业、农业、医疗、交通等设备互联互通，构建人机交互接口，进行信息融合，最终实现人、机、信息以及环境的智能交互、深度协作和智能控制，如图 9-2 所示。

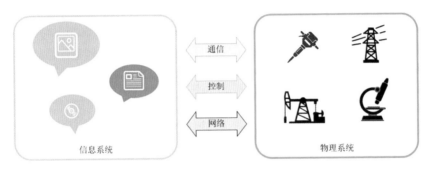

图 9-2　信息物理系统的含义

2.CPS 的发展历程

信息物理系统（CPS）的提出、发展以及应用的时间并不长，1992 年由美国国家航空航天局（NASA）提出并具体定义，最初应用于飞行器的远程控制系统，经过十多年的完善与改进，逐渐推广到民用领域。2006 年对于 CPS 而言是标志性年份，美国科学院发布《美国竞争力计划》，将 CPS 列为重要研究项目，随后召开了世界上第一次以 CPS 为主题的学术会议。次年，美国总统科学技术顾问委员会将 CPS 技术列为全球竞争环境下的八大关键信息技术之首。CPS 概念一经推出，立刻在全世界范围内掀起研究热潮。美国于 2008 年发布《信息物理系统概要》，提出将 CPS 应用于国防、交通、农业、能源等领域。2009 年加州大学伯克利分校、卡内基·梅隆大学、波音、博世、丰田等高校和企业联合发布《产业与学术界在 CPS 研究中协作》白皮书，正式开展产业化研究。2014 年组建 CPS 公共工作组，推动 CPS 跨领域研究。2016 年发布《信息物理系统框架》，提出 CPS 两层架构模型。

欧洲紧随美国之后，2007 年欧盟成立 CPS 研究组，将 CPS 作为智能系统的重点发展方向。2009 年德国公布《国家嵌入式系统技术路线图》，将 CPS 列为德国制造业发展的基础。2013 年在其发布的"工业 4.0 计划"中提出，打造 CPS 智能工厂即为"工业 4.0 计划"的精髓。2015 年欧盟联合法国、英国、德国、西班牙以及瑞典等国成立信息物理系统工程实验室。

日韩从 2008 年开始研究 CPS。日本东京大学、东京科技大学和韩国科技学院等高校分别开设了 CPS 相关课程，并就 CPS 应用展开了科学研究。

我国从 2009 年开始关注 CPS，2010 年科技部启动名为"面向信息 – 物理融合的系统平台"研究计划。2012 年浙江大学、清华大学和上海交通大学联合成立赛博协同创新中心，开展相关理论与关键技术研究。2015 年国家发布"中国制造 2025"计划，将 CPS 列为核心技术。2016 年中国电子技术标准化研究院联合国内百余家企事业单位成立了信息物理系统发展论坛，共同对 CPS 技术、标准、系统解决方案等展开研究。2017 年工信部牵头发布了《信息物理系统白皮书（2017）》，对 CPS 技术的内涵进行了全面归纳和系统阐述。CPS 发展历程如图 9-3 所示。

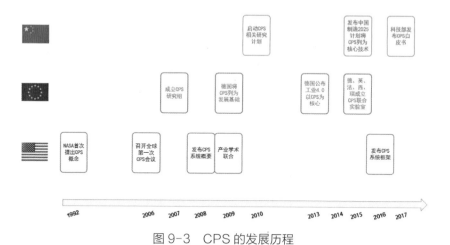

图 9-3　CPS 的发展历程

3. 为什么要用 CPS

当前，信息技术的发展已经相当成熟，工业化和信息化深度融合。一方面，智能装备、协同创新、柔性生产等先进理念的运用使得工业技术越来越智能、高效。另一方面，资源配置的优化、生产方式的变革正在逐渐改变现有的产业体系格局。对于我国而言，目前正处在信息化大背景下的工业化加速发展时期，推动信息化和工业化深度融合，要从单一企业向产业链协同转变，从单向业务向多业务综合转变，从单一产品向一体化"产品＋服务"转变。而信息物理系统是通过集成感知、计算、通信、控制等技术构建物理空间与信息空间的交互，最终实现系统内部智能化资源配置，优化响应，它可以作用于需求、生产、制造、应用、服务全生命周期，围绕产品、装备、工具、客户、供应链等要素，提供数字化、网络化、智能化的跨设备、跨产线、跨工厂、跨行业的智能综合解决方案。

第二节　看看 CPS 长啥样——CPS 的典型结构

我国工信部发布的《信息物理系统白皮书（2017）》对 CPS 进行了定义：CPS 通过集成先进的感知、计算、通信、控制等信息技术和自动控制技术，构建了物理空间与信息空间中人、机、物、环境、信息等要素相互映射、适时交互、高效协同的复杂系统，实现系统内资源配置和运行的按需响应、快速迭代、动态优化。

可见，CPS 系统是将现有的硬件、软件、网络、云计算、物联网、大数据等一系列技术有机融合，在环境感知的基础之上，通过信息处理和物理设备的相互作用来实现可靠、高效、智能化控制的物理实体。

分析以上定义可知，信息物理系统是一类具有共同特点的智能系统，共同特点可以概括为四个核心——"一硬、一软、一网、一平台"，即硬件、软件、网络和平台。换句话说，CPS 并非严格地特指某一种系统，具备上述核心特征的系统都可以归类为 CPS。CPS 包含的范围相当广泛，智能设备、智能工厂、智能交通系统等都可能成为 CPS。按照系统的复杂程度，CPS 可以分为单元级、系统级和 SoS 级（System of System）。

1. 单元级 CPS

单元级 CPS 通常对应独立的智能设备。一方面，这类 CPS 具有物理实体部分，例如加工设备、交通设备、医疗设备等；另一方面，这些物理设备自带信息的接收和发送接口，可以与外界实现信息交互。利用上述物理设备和接口感知外界、处理数据以及与外界进行通信，并将这种功能定义为信息壳，外界可以通过信息壳与物理实体进行沟通。物理实体感知外界的意图或指令，进行分析计算后作出响应，

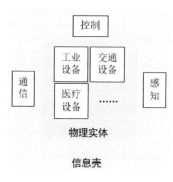

控制

工业设备　交通设备

通信　医疗设备　……　感知

物理实体

信息壳

图9-4　单元级 CPS 基本结构

并反馈给外界。图 9-4 所示为单元级 CPS 基本结构，其中信息的接收通常由传感器实现，信息的发送通常由通信接口完成，信息的处理以及控制功能通常由 CPU 实现。因此，单元级 CPS 具备四个核心中的"一硬"和"一软"两个部分，智能感知是单元级 CPS 最重要的能力。

如图 9-5 所示，智能无人驾驶汽车是一个典型的单元级 CPS。拥有大量传感器，可以感知诸如自身与邻车距离、路面湿滑程度、邻车速度、前方是否有转弯等环境信息。通过网络接口可以接收乘坐人员输入的行驶路线、时间等要求。根据上述条件智能化地控制自身的各项工作参数。

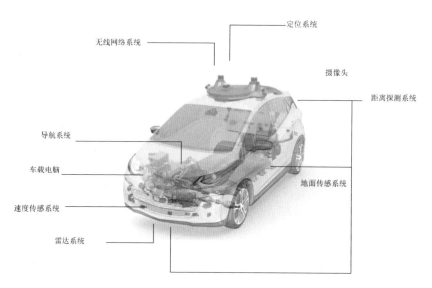

图9-5　典型的单元级 CPS

2. 系统级 CPS

系统级 CPS 是指由多个单元级 CPS 共同协作、组合而成的大型智能系统，例如由工业机器人、高档数控机床、自动传送设备等组成的智能化生产线。这类 CPS 由多个单元级 CPS 组成，每个单元级 CPS 均通过有线或无线的方式相连接，构成工业总线的局域网，以便各个单元级 CPS 之间高效通信和协同工作。

系统级 CPS 通常具备互联互通、即插即用、协同控制、监视诊断等功能，通过自组织、自配置、自规划等技术实现多设备的协同工作。由于系统中每个单元级 CPS 均可独立感知环境，做出响应判断，还可以实时地根据其他单元级 CPS 的需求自适应调整自身控制方案，并根据自身工作内容向其他单元级 CPS 提出自己的需求，这样，各个单元级 CPS 相互联络，相互配合便构成了系统级 CPS，如图 9-6 所示。

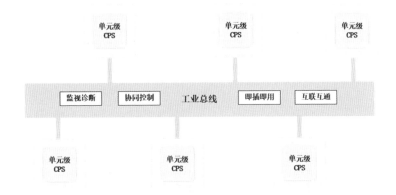

图 9-6　系统级 CPS 基本结构

由此可见，系统级 CPS 具有四个核心中的"一硬""一软"和"一网"三个部分，协同工作是系统级 CPS 最重要的标志。

如图 9-7 所示的车联网系统是一个典型的系统级 CPS。每一辆汽车通过移动通信网络实现互联互通。行驶过程中，汽车自身可以感知周围汽车以及环境参数，并根据上述参数改变自身行驶状态，从而实现自动驾驶。

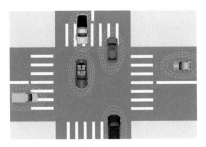

图 9-7　典型的系统级 CPS

3.SoS 级 CPS

SoS 级 CPS 由多个功能各不相同的系统级 CPS 组成，例如包含制造系统、销售系统、供货系统、运营系统等部门的智能化工厂，其中每个部门都是一个功能独立的有机体，各自具有各自的数据处理系统。SoS 级 CPS 通常通过大数据管理平台实现跨系统的互联互通，需要处理"多源异构"的大量不同格式的数据，这些数据可能存放在大数据平台中，也可能存放在系统级 CPS 中。因此，SoS 级 CPS 多采用分布式计算或者云端－雾节点－边缘计算的模式。SoS 级 CPS 对上述数据进行汇聚、融合，对内进行资产优化，对外进行运营优化，如图 9-8 所示。

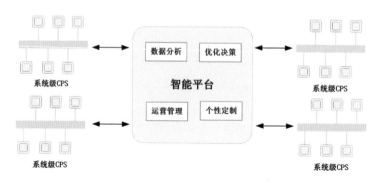

图 9-8　SoS 级 CPS 基本结构

SoS 级 CPS 处理数据的数量和种类更多，通过大数据平台对其内部每个系统级 CPS 进行操作，获取各系统级 CPS 状态。更重要的是，CPS 系统要对这些海量数据进行深度分析、提取其中的潜在价值，因此具备更强大的决策力、洞察力和优化能力。不难看出，SoS 级 CPS 具备所述的全部四个核心特征：一硬、一软、一网和一平台。优化决策是 SoS 级 CPS 最重要的标志。

如图 9-9 所示的智能交通管理系统可看作一个典型的 SoS 级 CPS，其包含车联网系统、违章监控系统、智能化交通灯控制系统、车辆调度系统、车辆识别系统等多个功能不同的系统级 CPS，所有数据汇集到云端大数据平台，经过深度计算、优化、决策，最终形成一个安全、高效、节能的综合交通系统。

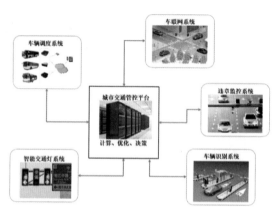

图 9-9　典型的 SoS 级 CPS

战略性新兴产业科普丛书（第二辑）·智能制造

第三节　CPS 的十八般武艺——CPS 的核心技术

CPS 是支撑两化深度融合的一套综合技术体系，与现有的其他相关技术看似相近，但有所区别，现以物联网技术为例。物联网主要偏重于智能互联，将传统独立设备连接在一起。例如智能家居系统中，用户可以远程控制空调、电饭煲等设备提前工作，下班回到家后，室内温度适宜，饭菜做好，这属于物联网系统。而 CPS 除了设备的互联互通以外，更加强调协作、优化和决策功能。例如可以根据当天用户的行程、当前位置、口味偏好、疲劳程度、天气气温、湿度、家中食材准备程度、用户近期吃饭种类情况等一系列数据，自行优化控制空调、电灯、电视、电饭煲、烤箱、微波炉、热水器等各种家电的工作状态，最大程度满足用户需求。同时，还可以根据当前食品价格、用户健康状况等信息给出菜谱等相关建议。由此可见，物联网是 CPS 中应用到的一项技术。与物联网技术类似，云计算、人工智能、互联网等技术都在 CPS 中有所应用。

1. 感知与控制

CPS 在感知与控制方面用到的技术主要包括智能感知技术、嵌入式系统技术、虚实控制技术等。智能感知技术是指利用各类传感设备采集环境、人员信息，经过数据处理后通过有线或无线方式上传到控制系统。RFID 电子标签、工业传感器、穿戴式监测设备、高清摄像头、遥测遥感等设备及其构成的传感网、物联网均应用了智能感知技术。

嵌入式系统技术是将以嵌入式微处理器为核心的微控制系统嵌入到设备中，使其具备智能化特性。其体积更小、功耗更低、更加适合处理底层数据运算。在 CPS 中，嵌入式控制系统可以接收传感设备采集的信号，暂存过程数据，根据指令驱动、控制设备运行，还可以进行适量的本地计算。

虚实控制技术是指将实体设备的控制与信息、模型等虚拟化信息相结合，通过虚拟模型的仿真和分析指导实体设备的控制与优化。这里的虚拟化模型包括机械模型、电路模型、控制模型、管理模型等。CPS 中，系统既可以通过实体设备采集参数构建虚拟模型，改变其运行状态，也可以通过虚拟模型的运算结果优化和控制实体设备。

2. 工业软件

CPS 中各类智能设备、控制系统均需要软件控制。工业软件是指专用于工业领域，为提高企业研发、制造、生产、服务、管理水平以及工业产品使用价值的软件。CPS 使用到的工业软件主要包括嵌入式控制类软件、MBD（基于模型的定义）类软件、计算机辅助设计类软件以及管理调度类软件。

嵌入式控制类软件主要用于嵌入式系统，与硬件共同作用于底层设备，实现采集、控制、通信、显示等功能。常见嵌入式控制软件包括嵌入式操作系统、嵌入式数据库以及各类应用软件等。

MBD 即基于模型的定义技术，是指以对象的三维模型为核心，将产品结构信息、设计要素、制造要求等共同定义在一个数字化模型中，并应用于对象的设计、生产、制造、装配过程。

计算机辅助类软件包括 CAD（计算机辅助设计）、CAM（计算机辅助制造）、CAE（计算机辅助工程）、CAPP（计算机辅助工艺规划）、CAS（计算机辅助造型）等，将计算机技术应用于产品的研发、设计、生产、流通等领域，实现生产和管理过程的智能化。

管理调度类软件包括 MES（制造执行系统）软件和 ERP（企业资源计划）软件，主要应用于 SoS 级 CPS。MES 以具体企业为目标，满足大规模定制需求以及柔性排程和调度要求；ERP 软件以客户和市场为导向，实现企业内外资源配置。

3. 工业网络

CPS 中使用的工业网络结构以各级 CPS 为节点，互联互通，构成网状结构。高层次的 CPS 由低层次 CPS 互联形成，不同 CPS 节点处理的数据互不相同，有各自的网络结构，其自身网络的传输速率和通信协议也互不相同。因此，CPS 中有若干边缘网关设备以实现不同网络的连接以及协议的转换。CPS 网络结构如图 9-10 所示。

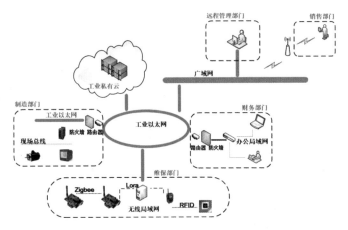

图 9-10　典型 CPS 网络结构

　　CPS 网络的优势在于组合灵活，适用于定制化需求和柔性制造，系统资源可以得到更加合理的配置。CPS 网络中常用的组网结构主要包括现场总线、工业以太网、无线局域网、SDN（软件定义网络）等。

　　现场总线是工业现场用于连接各种智能设备的有线网络体系，在生产过程中用于连接单元级 CPS，实现相互通信，各类生产过程数据也通过现场总线发送给高层管理系统。其优点在于结构简单，可靠性高，经济实用。

　　工业以太网支持 TCP/IP 协议，与 Internet 兼容，可用于连接系统级 CPS，从而将工业现场与外界沟通，将生产控制系统与信息管理融合。其优势在于传输速率快，便于实现远程访问和连接不同系统。

　　无线局域网可以应用于高温、腐蚀性等特殊环境，并且不用考虑布线路径问题，安装方便，配置灵活。不足是会受到工业现场电磁环境干扰，无线通信的可靠性不及有线网络。

　　SDN 网络的优势在于配置灵活，可以随意配置网络资源，更改网络基础架构，具有更好的敏捷性。在 SDN 网络结构中，各单元级 CPS 可以根据需求灵活重构，在不同系统级 CPS 中转换并实现即插即用，能够很好地满足柔性生产需求。

　　4. 智能平台

　　SoS 级 CPS 通过智能平台对海量数据进行深度分析、智能决策，为用户提供个性化服务。用于 CPS 的智能平台通常采用分布式处理架构。其中涉及的技术主要包括云计算、雾计算、边缘计算等，如图 9-11 所示。

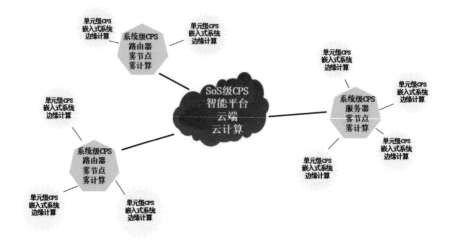

图 9-11　CPS 中的云计算、雾计算和边缘计算

云计算平台用于顶层 SoS 级 CPS，具有最强大的运算能力和存储能力，可以通过机器学习、人工神经网络等技术进行深度计算，实现分析、优化、决策功能。采用云计算可以有效提高运算效率，克服本地硬件资源、计算能力不够的问题。

雾计算平台常用于系统级 CPS 之间的协作，通常运行在带存储功能的小型服务器或路由器中。与云计算把所有数据集中处理不同，雾计算分布在不同的系统级 CPS 间，也称为"雾节点"。

边缘计算通常存在于单元级 CPS 中，由设备自身的嵌入式系统完成。边缘计算直接面向设备本身，用于完成智能设备的控制。相对于云计算和雾计算，边缘计算的计算量较小，功能性单一，但实时性更好，更加安全和快捷。

第四节　制造系统与 CPS 的亲密接触——CPS 与制造业

1.CPS 与制造系统

传统制造系统主要由操作工人和机器设备构成，这种由人（操作者）和物理系统（机器）共同构成的制造系统，可以称为人－物理系统（Human-Physical System，HPS）。其中，机器和设备是制造系统的主体，承担具体的制造任务；人是主导，完成感知、学习、分析、决策、控制任务，如图 9-12 所示。虽然随着技术的发展，机器功能越来越强大，可以完成的工作越来越复杂，但传统制造体系仍然未脱离 HPS 的结构模式，信息交换的效率不太高。

图 9-12　传统制造的 HPS 模式

随着信息技术的发展以及各级 CPS 的实现，传统制造系统走上了智能化发展的道路，传统制造逐渐演变为智能制造。应用于制造业的 CPS 中，物理系统专指与生产制造相关的设备、原料、产品、管理资料等。信息系统包括各类设计数据、生产数据、管理数据、经济数据、产品质量数据、用户评价数据等。信息系统不仅面向物理系统，同时也融入设备操作人员、过程管理人员、产品使用人员提供的各类信息。在这种基于 CPS 的智能制造系统中，信息系统具有强大的计算能力，可以替代传统架构中操作者，完成大部分分析、处理、决策工作。CPS 中的各类人员只需要提出各自需求，信息系统可以智能化地分析处理。基于 CPS 的智能制造模式如图 9-13 所示。

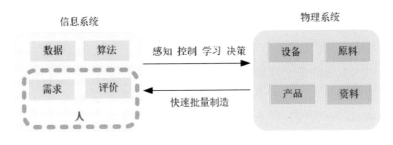

图 9-13　智能制造 CPS 模式

2.CPS 是智能制造的核心

自 2006 年 CPS 正式在全球推广以来，制造业是与 CPS 结合最为紧密的产业。美国认为，智能制造下一步的任务是使生产、制造完全在信息化体系下进行，透明化若干因素和环节，由信息系统智能决策。随着制造业 CPS 系统的不断进化，美国的智能制造系统已经逐步上升到以工业大数据为代表的 SoS 级 CPS 规模。

在欧洲，制造业在欧盟经济体系中占据重要地位，其产生了欧盟 80% 的创新成果和 75% 的出口额。CPS 应用在制造行业之后，欧洲各国相继推出大量创新举措和金融投资，对基于 CPS 的智能制造行业提供政策和资金支持。由德国提出、业界著名的"工业 4.0"计划也将 CPS 设定为制造业体系的核心架构。

当前，我国正在由制造大国向制造强国转变，迫切需要构建支撑信息化、工业化两化深度融合的智能制造技术体系。而 CPS 集成了先进的通信、控制、管理技术，构建了人、机、环境智能协同的复杂系统，实现了资源配置运行的响应和优化。可见，CPS 是支撑我国两化深度融合的综合技术体系，也是智能制造的核心技术。2015 年国家发布《中国制造 2025》，提出"基于信息物理系统的智能装备、智能工厂等智能制造正在引领制造方式变革"。

3. 智能制造与 CPS 信息安全

随着智能制造技术的推进，制造系统越来越依赖自动化、信息、通信等技术。制造系统由传统的孤立、封闭体系逐步转变为现代的开放、互联体系。在智能化不断提高的同时，制造系统的信息安全风险也日益增加。CPS 在成为装备制造、石化、电力、交通等领域核心架构的同时，也成为黑客攻击的主要目标。CPS 遭受攻击不仅会导致经济损失，还有可能造成人员伤亡，乃至引起环境问题和社会问题。除此之外，CPS 体系中各种硬软件故障导致的数据错误、通信中断等故障也会引起体系的紊乱。因此，确保 CPS 的安全可控已经成为智能制造领域的关注热点之一。

CPS 系统的安全问题主要体现在以下几个层面：一是设备层面可能出现的问题在于数据采集错误。由于布置传感设备的工业环境通常较为恶劣，各方面条件复杂，传感系统采集数据的真实可靠性难以保证。二是信息传输层面可能出现的问题在于网络安全。病毒、黑客、木马等常见的互联网攻击手段同样也会出现在各种工业网络中。三是控制层面可能出现的问题主要在于软件本身的安全漏洞。这些软件漏洞通常会造成控制系统的崩溃。四是信息与数据层面的安全问题，主要体现在数据的保密性方面。各类关键的生产数据、商业信息在通信、存储的过程中都存在被窃听的风险。

针对上述 CPS 中的安全隐患，目前主要从物理、信息、网络三个

战略性新兴产业科普丛书（第二辑）·智能制造

方面进行预防。物理方面主要针对各类设备，采取优化工业环境、增设电磁屏蔽、规范传感器使用等举措。信息方面主要针对各类控制软件，具体措施包括制定软件安全规范、增强软件容错控制、完善软件安全评估等。网络方面主要针对各类网络入侵，具体的措施包括网络认证、防火墙隔离、入侵监测等。

第五节　在哪里能找到 CPS——CPS 的应用

1. 装备制造行业

装备制造类企业是以生产制造实体产品为目标的企业，根据设计方案，通过各类加工、生产设备制造产品并进行销售，主要涉及制造、采购、管理、销售、维修、质量跟踪等环节，现借助 CPS 理念可以建立典型的智能装备制造系统。

系统的顶层是整个企业或集团，对应 SoS 级 CPS，完成总体决策和优化。系统级 CPS 对应各个工厂、车间或部门，具有各自独立的工作和任务。单元级 CPS 对应于智能设备。不同系统级 CPS 中的单元级 CPS 各不相同。例如加工系统、智能机器人、测量装置等设备是单元级 CPS。其构成的制造车间是对应的系统级 CPS。用于结构、造型、电路设计的快速成型设备、3D 打印设备、图形处理设备是单元级 CPS，其构成的设计部门是对应的系统级 CPS。智能仓库、AGV 小车、物料信息存储设备是单元级 CPS，其构成的设备仓库对应系统级 CPS。用户跟踪系统、质量评价系统、故障统计系统是单元级 CPS，其构成的产品质量跟踪部门对应单元级 CPS。供应商管控系统、原料成本统计系统、订单管理系统是单元级 CPS，其构成的采购部门对应系统级 CPS。

机床、机械臂、测量仪、绘图仪、打印设备、工控机、计算机、各类手持设备等硬件，嵌入式控制系统、财务管理系统、设计软件、数据库系统等软件，构成了单元级 CPS "一硬、一软"的架构。上述单元级 CPS 通过现场总线、无线传感网络、企业内部局域网等网络体系相互连接、通信、协同工作，构成了系统级 CPS "一硬、一软、一网"的架构。顶层的企业级综合管理平台将各部门数据汇总分析，综合决策，形成了 SoS 级 CPS "一硬、一软、一网、一平台"的架构。

2. 智能电网行业

智能电网是传统电网与信息化相结合的产物。所谓智能电网是指采用先进的传感技术、信息技术、控制技术等构建的自动化电力传输系统，能够监测每个用户和电网节点，从而实现电力供应的安全性、可靠性和经济性。

目前，我国智能电网的建设发展迅速。但是简单地在原有传统电网基础上增加网络、控制设备仍然存在控制割裂、电网运行和供电效率不高等缺陷。现将 CPS 的架构应用于电网体系，与智能电网的技术相结合，可以使得电网系统工作效率得到实质性提高。

智能电网单元级 CPS 包括智能电表、输配电网络、分布式电源、电力负载、风机、锅炉等。用电信息采集系统、设备控制软件、故障分析系统、参数监测系统等构成其信息壳。

智能电网系统级 CPS 包括用户 CPS、输配电 CPS、发电 CPS 等。用户 CPS 由多户智能电表构成。输配电 CPS 由输配电网络、分布式电源、电力负载等构成。发电 CPS 由锅炉、风机等各种发电设备构成。每一种系统级 CPS 均有各自的通信总线，可独立实现设备管理、协同控制、故障诊断等功能。

智能电网 SoS 级 CPS 接收上述发电、输电、配电、用电模块的数据，建立大数据处理平台，实现电网资产管理、电网优化运行、电力智能调度、电网远程监控等功能。

3. 过程控制行业

过程控制是指以温度、压力、流量、液位、成分等参数为控制对象的系统。过程控制行业包括石油、化工、天然气、冶金、水处理等领域。过程控制类企业控制对象多为液体或气体。由于其通常在反应釜、反应炉、压力容器、冶炼炉等容器中，流体的化学反应以及物理运动无法直接观察，因此，通常由各类传感器探测控制对象及其所处环境的状态。对于此类工业，尤其需要虚实结合的控制方法。另一方面，过程控制往往涉及各种化学反应，易燃易爆或有毒有害。因此需要通过建立故障数据模型，全生命周期监控各项参数。在故障没有发生之前提前预警对于过程控制类企业十分重要。

基于上述需求，在单元级 CPS 层面将各类仿真模型与实际控制对象结合，借助数字孪生、实时仿真等技术将不可见的工作状态和数据可视化，可以精准监控加工对象。在系统级 CPS 层面通过 PHM（故障预测及健康管理系统）和 PLM（生命周期管理系统）对控制对象全方位监测，并进行健康状态评估，可以实现故障预测的功能。在 SoS 级 CPS 层面，通过 MES 系统、ERP 系统、云计算技术完成经营管理、供应管控、生产执行等任务。

4. 智慧医疗领域

随着社会的发展，人们对医疗服务的要求越来越高。传统单一的病人去医院就医模式已经不能满足人们对健康保健的需求。建立面向个人、家庭、社区的多样化医疗保健系统是当前医疗体系建设的发展方向。

基于 CPS 结构的智慧医疗系统可以综合利用网络技术、通信技术、控制技术向个人、家庭以及社区提供远程医疗、健康监测、自动救护、档案管理、资料检索等服务。智慧医疗 CPS 中，单元级 CPS 包括血压、血氧、脉搏、体温、心音等各类医疗传感设备以及电脑、智能手机、智能家电等多媒体设备。医疗传感设备监测用户健康数据。通过 Zigbee、RFID、Wifi 等无线通信系统以及家庭网关传递到社区医院，以社区医院为核心构成系统级 CPS。社区医院可以为常规疾病提供治疗方案。与社区系统级 CPS 同级别的系统级 CPS 还包括急救中心、医院、体检中心等。每个系统级 CPS 都由各自的单元级 CPS 组成。这些单元级 CPS 包括医疗设备、急救设备、健康数据存储分析设备等。社区医疗中心、医院、急救中心、体检中心等系统级 CPS 通过广域网相互连接，各级系统级 CPS 以及社区医院可以通过家庭里的多媒体设备与用户通信，实现远程医疗、自动救护等功能。上述系统级 CPS 共同构成了区、县、市等一个固定区域范围内的智慧医疗系统，即 SoS 级 CPS。SoS 级 CPS 可对区域内的医疗资源进行统一调配，统计分析区域内各类病症的出现、治疗情况，患者分布情况等，从而给出综合性的医疗保健建议、医疗体系改进方案等。

第十章　绿色制造

1. 绿色制造的概念

工业文明是人类文明史上的一大飞跃，人类运用科学知识和技术手段改造自然，极大地解放生产力、创造大量财富、提高物质生活水平，但过度工业化导致资源严重透支，给生态环境带来了巨大压力。人类在面对影响自身生存和发展的威胁面前，不得不重新审视发展模式。为实现社会、经济与自然的协调、可持续发展，人类社会必须通过科技创新来降低发展的资源环境代价，在此背景下，绿色制造应运而生，成为一种新的制造模式、新的业态。

绿色制造（Green Manufacturing，GM），被称为制造模式发展的终极目标，到底有何神奇之处呢？绿色制造是在保证产品的功能、质量、成本的前提下，综合考虑环境影响和资源效益、符合可持续发展要求的现代化制造模式，也称为环境意识制造（Environmentally Conscious Manufacturing，ECM）、面向环境的制造（Manufacturing For Environment，MFE）等。具体讲，绿色制造要求产品从设计、制造、运输、使用到报废的整个产品生命周期中不产生环境污染或环境污染最小化，符合环境保护要求，对生态环境无害或危害极少，节约资源和能源，使资源利用率最高，能源消耗率最低，如图10-1所示。

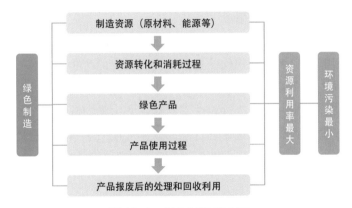

图 10-1 绿色制造概念图

2. 绿色制造的内涵

首先，绿色制造中的"制造"是一个广义的"大制造"概念，是物质从自然中来、再回到自然中去的可持续发展的无穷循环的一个环节，涉及制造、环境、资源三大领域，具有现代制造科学中"大制造、大过程、学科交叉"等特点。

其次，绿色制造的主要内容涉及产品全生命周期中的所有问题，重点考虑"五绿"，即绿色设计、绿色材料选择、绿色工艺规划、绿色包装和绿色处理。

再次，全面推行绿色制造，加快构建由绿色工厂、绿色产品、绿色园区、绿色供应链、绿色制造标准体系、绿色制造评价机制和绿色制造服务平台等要素组成的绿色制造体系，缓解当前资源约束，推进供给侧结构性改革，实现工业经济和社会的绿色增长，如图 10-2 所示。

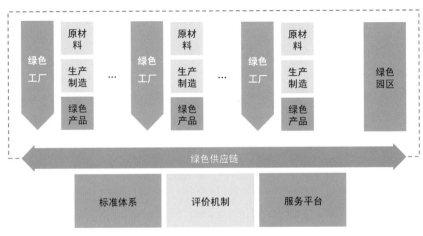

图 10-2 绿色制造体系

3. 绿色制造与智能制造

智能制造和绿色制造正在加速融合。智能制造是先进制造技术和以人工智能为代表的新一代信息技术深度融合的产物，通过提高生产效率，强化产品的全生命周期管理，实现资源的循环利用。制造业的绿色发展，本质上是制造过程效率的提高和污染的减少，而智能化技术有助于提升排放无害化处理过程的效率和能力。因此，智能制造是发展绿色制造的重要途径，在促进循环经济发展和绿色经济转型方面发挥叠加作用。

智能制造和绿色制造所持的制造理念和侧重点有所不同。两者都服务于生产制造过程，但智能制造重点关注如何利用制造过程的信息流和数据流赋予制造系统智慧，进而提高生产效率，降低运营成本；而绿色制造重点关注的是如何规划制造过程中的物质流和能量流的走向，从而提升制造系统的资源利用率和绿色生产效率，进而协调企业的经济效益与社会效益。

绿色制造与智能制造之间具有功能互补性。首先，绿色制造所产生的物质流和能量流可以丰富智能制造的信息流和数据流来源，进而提高智能制造的数据处理与自学习能力；而智能制造所提供的信息流和数据流，可以为绿色制造调整和规划物质流、能量流提供指导。其次，智能制造所带来的智慧化有利于绿色制造合理规划利用资源，绿色制造所坚持的低碳化是智能制造降低成本、提高效率的必要条件。图 10-3 所示是大数据驱动的新型绿色智能制造模式，以大数据技术为基础，建立制造过程智能化和绿色化并行工程与融合工程，实现提高生产效率和清洁生产的双重目标。

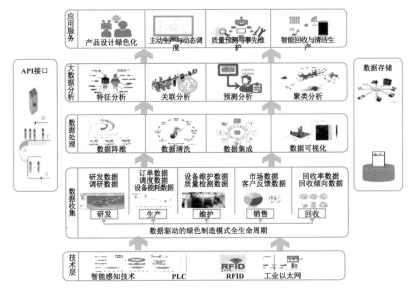

图 10-3　大数据驱动的绿色智能制造服务体系构架

4.绿色制造发展计划

为了解决制造业的生态困境问题，世界上不少国家都将绿色制造作为国家战略，制定了相关法律法规以及激励政策，推广绿色制造，如图 10-4 所示。

（1）中国《中国制造 2025》。绿色发展被列为五大基本方针之一，绿色制造被列为 9 大战略任务之一，同时也被列为具体实施的 5 大工程之一。明确"把坚持可持续发展作为建设制造强国的重要着力点，加强节能环保技术、工艺、装备推广应用，全面推行清洁生产。发展循环经济，提高资源回收利用效率，构建绿色制造体系，走生态文明的发展道路"。

（2）英国《未来制造》。预测到 2050 年全球对工业产品的需求量将翻一番，进而材料需求翻一番、能源需求翻三番。为应对未来环境、资源的挑战，英国政府将可持续制造（绿色制造）定义为下一代制造，并制定了 2013-2050 年的可持续制造发展路线图。

（3）美国《先进制造战略》。"可持续制造"被列为 11 项振兴制造业的关键技术之一。美国能源部提出：到 2020 年铸造产品单位能耗降低 20%；热处理减少能源消耗 80%，实现热处理过程零排放；10 年内将产品在生产过程和产品生命周期内的能耗降低 50%。

（4）德国《资源效率生产计划》。提出到 2020 年能源效率比 1990 年提高一倍，原材料效率比 1994 年提高一倍，并将"资源效率（含环境影响）"列为工业 4.0 的八大关键领域之一。"资源效率"指出德国未来工业目标，即经济增长与资源利用脱钩，减少环境负担，加强德国经济的可持续性和竞争力。

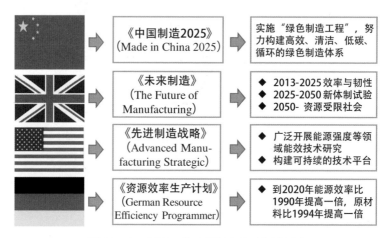

图 10-4　主要工业大国的绿色制造计划

5. 绿色制造发展趋势

为推进绿色制造，欧美等发达国家和国际组织纷纷制定、倡导和出台了很多与绿色制造相关的立法、标准等，例如 ISO 14000 环境管理标准体系，OHSAS 18000 职业健康与安全管理标准体系，欧盟的 ROHS、WEEE、EUP 指令等，对产品质量特别是在节能、无毒无害、低排放和可回收等方面提出了严格限制，逐步形成了国际贸易之间的绿色壁垒。

我国进入 21 世纪以来，工业化进程加快，整体素质和国际地位显著提升，已成为名副其实的工业大国。在 500 多种主要的工业产品中，有 220 多种产品产量居全球第一位。但我国工业发展依然没有摆脱高投入、高消耗、高排放的粗放模式，为破解资源能源的瓶颈制约问题，配合《中国制造 2025》，先后出台了《工业绿色发展规划（2016–2020年）》《绿色制造工程实施指南（2016–2020 年）》，通过走生态文明的发展道路，支持企业开发绿色产品、创建绿色工厂、打造绿色供应链、强化绿色监管和开展绿色评价等，缓解当前资源约束，推进供给侧结构性改革，引领和促进绿色产业发展壮大。

第二节 绿色产品的全生命周期

如今，购买绿色产品成为一种时尚，市场上的产品只要打上绿色标志就身价倍增。然而，真正的绿色产品从原材料、设计、生产、包装、使用，到最后的回收都讲究"绿色"，即将节能环保理念贯穿于产品整个生命周期，如图 10-5 所示。

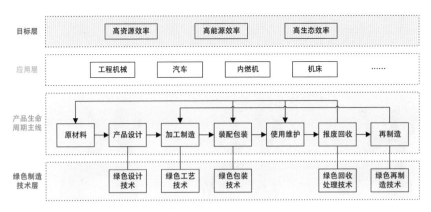

图 10-5 面向产品全生命周期的绿色制造架构体系

1. 绿色设计技术

绿色设计技术也称为生态设计、环境设计、环境意识设计。在产品及其生命周期全过程的设计中，充分考虑产品的功能、质量、开发周期和成本的同时，优化各有关设计要素，使得产品及其制造过程对环境的总体影响减到最小。

绿色设计的常用方法有模块化设计、轻量化设计、循环设计等。现以汽车行业的轻量化设计为例，是指在保证汽车车体的强度、刚度、模态以及碰撞性能的前提下，尽可能地降低汽车的整备质量，从而提高汽车的动力性和安全性，减少燃料消耗，降低排放污染。汽车轻量化设计主要有两种方式，第一种是从结构上进行优化，让材料分布更加合理，去除不参与受力的部分。如图 10-6 所示，采用拓扑优化解算方法，通过单元应力分布决定去除部分材料，从而降低了整备质量。第二种是采用密度更小、屈服强度更高的材料代替钢材，例如铝合金、玻璃纤维增强塑料和碳纤维等新材料，如图 10-7 所示。将上述两种方法组合运用，减重效果更好，即从铸铁材料到铸铝材料再加结构优化，质量从 7.5kg 降到 3.64kg，最终降到 2.81kg，获得了很好的减重效果。

图 10-6　基于拓扑结构优化的汽车零部件轻量化设计

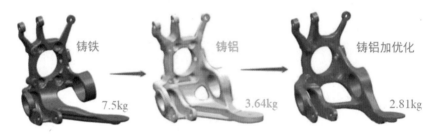

图 10-7　新材料应用和结构优化相结合的汽车零部件轻量化设计

2. 绿色工艺技术

绿色工艺技术一般可以归为三类：新型绿色工艺技术、传统工艺的绿色性改进以及生产过程绿色优化技术。其中，新型绿色工艺技术主要有激光加工工艺、干式切削工艺、低温强风冷却切削工艺、金属粉末注射成型工艺、快速原型制造技术等。传统工艺的绿色性改进可以从节约能源、节约原材料、降低噪声、减少排放等方面入手。生产过程绿色优化技术包括工艺路线绿色优化、工艺种类绿色选择、工艺参数绿色优化、制造资源（机床、切削液、刀具等）绿色选择等。

以激光加工为例，激光是 20 世纪以来继原子能、计算机之后的又一重大发明，被称为"最快的刀""最准的尺""最亮的光"。激光加工指激光束作用于物体表面而引起物体形状改变或物体性能改进的加工过程。激光加工技术是一种新型的绿色先进制造技术，以非接触方式进行，加工过程能耗低、加工速度快、易于集成到机器人等自动化设备中，被誉为"万能的加工工具""未来制造系统的加工手段"。

激光加工技术类型众多，主要有激光焊接、激光切割、表面改性、激光打标、激光钻孔、微加工及光化学沉积、立体光刻、激光刻蚀等。图 10-8 所示分别为利用激光焊接和切割薄板的应用场合。

图 10-8　激光焊接和薄板切割

3. 绿色包装技术

绿色包装是指能够循环复用、再生利用或降解腐化，并且在产品的整个生命周期中对人体及环境不造成公害的适度包装。当今世界公认的发展绿色包装的原则为 3R1D：减量化（Reduce）、重复利用（Reuse）、易回收再生（Recycle）、可降解（Degradable）。

蜂窝纸箱是国际公认的环保重型包装。如图 10-9 所示，与传统木箱相比，蜂窝纸箱的质量更轻，不到同体积木箱的 1/3，缓冲性能更好，木材用量远远小于同等体积的木箱，搬运和装卸方便。与传统的瓦楞纸箱相比，蜂窝纸板箱的机械性能更好，经破坏性跌落、重物码垛、实装滚动等实验表明，蜂窝纸箱的易碎物品破损率比瓦楞纸箱降低 49%~96%；空箱上放置 500 千克的重物试压三个月也不变形，并且无须泡沫衬垫；与同规格的瓦楞纸箱相比，可节约纸板 60%。蜂窝纸箱在生产过程中无污染，又能回收再生，也易于废弃处理。

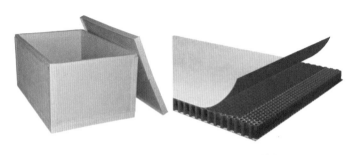

图 10-9　环保型蜂窝纸箱包装材料

4.绿色回收处理技术

绿色回收处理是指用环境友好的方式回收和再利用，主要流程包括产品回收、拆卸、清洗、检测、重用、再生循环等。绿色回收处理技术可以分为废旧产品可回收性分析与评价技术、废旧产品绿色拆卸技术、废旧产品绿色清洗技术、废旧产品绿色材料分离/回收技术、逆向物流管理技术等。

如果汽车有生命，那么走到"生命"终点后，在回收时如何物尽其用，以绿色环保的方式走向"重生"？2019年洛阳首条报废汽车绿色拆解流水线建成，采用绿色精细化拆解方式，全程不产生废液、废气污染，是一种绿色环保的汽车回收方式。每辆汽车拆解前必须进行"抽血"，为防止废液污染，车内机油、燃油、防冻液、助力油、刹车油、玻璃水等液体都要被抽干，被下游有资质的企业进行分类回收。即使在拆解过程中有微量的附着废液滴落也不用担心，因为拆解车间地面采用的是防渗混凝土，作业区铺有2厘米厚的钢板，保证汽车拆解全程不产生废液污染。拆解现场如图10-10所示。

图10-10 报废汽车绿色拆解现场

拆解过程就像汽车装配的"逆作业"，汽车被依次进行外饰拆解、底盘拆解、内饰拆解。对于一些成色较好的汽车，发动机等零部件拆除后还可二次利用。其余的废金属采用全程无火花、无烟雾产生的液压剪切机进行剪切破碎后，被送往钢厂熔炼再造，做成建筑材料甚至重新做成车壳。车内饰、保险杠等废塑料则可制成崭新的塑料颗粒，被下游塑料产业循环利用，制成汽车保险杠、内饰板等。一辆车就这样"脱胎换骨"，走向了"重生"！

第三节 绿色制造为企业带来什么——形形色色的行业应用

1.绿色铸造在发动机行业的应用

铸造业是汽车、造船、钢铁、电力、装备制造等支柱产业的基础，但提起铸造人们就会想到充满粉尘、噪声、耗能的生产情景。作为国内柴油机的龙头企业，玉柴机器股份有限公司积极发展绿色与智能成形制造技术，将"通过绿色制造向社会提供绿色产品"作为企业的社会责任，践行低碳工业生产模式，推动企业转型升级。

玉柴机器股份有限公司充分利用绿色制造、智能制造等先进技术应用于发动机制造，使铸造产品从设计、制造、包装、运输、使用到报废处理的整个周期对环境的影响最小，从而达到改善员工工作环境、提高大气环境质量、促进铸造行业可持续发展的目标。为实现绿色铸造，主要采取了以下措施。

（1）生产现场无尘化。利用气箱高压脉冲袋式除尘器、废气净化塔等先进的烟气治理设备，对熔炼、砂处理、清理、落砂、制芯等工序中产生的灰尘、废气实施整改治理，每年减少约4.8亿立方米的有害烟尘排放。

（2）生产过程自动化。如图10-11所示，铸造生产线全部使用工业机器人进行取芯、组芯、浸涂、钻孔、搬运、刻字等工作，不仅生产效率高，员工劳动强度降低，而且提升质量，综合废品率仅为1%。

图10-11 玉柴绿色铸造生产线

（3）工业废物资源化。改变以往铸造废砂芯以垃圾填埋为主的处理方式，减少填埋给环境造成的危害，创建了废砂芯再生循环利用产业化项目，成功实现了包括铸造废砂芯的各类废砂批量再生，不仅废砂芯综合利用率达到99.5%以上，而且再生后的砂质量全部符合使用要求。

（4）铸造成型无模化。如图10-12所示，采用增、减材两种快速制造相结合的工艺方法，制造出铸造砂芯和砂型，组芯后进行毛坯浇铸，省去了模具制造环节，大大缩短了工艺流程，提高了铸件制造工艺的灵活性和可操作性。

图 10-12　玉柴 20 缸机体快速铸造

（5）余热时效热处理。开发了铸件余热时效热处理工艺，直接利用铸件余热退火，减少铸件铸造残余应力，确保铸件品质和节能环保。以年产 10 万吨铸件计算，每年可节约电能折合标煤 3600 多吨。

2.绿色设计在汽车行业中的应用

汽车是国民经济重要的支柱产业，产业链长、关联度高、消费拉动大，在国民经济和社会发展中发挥着重要作用。重庆长安汽车股份有限公司和北京汽车股份有限公司作为工业和信息化部确定的首批汽车行业绿色设计示范企业（以下简称示范企业），充分挖掘全产业链各环节污染物减排潜力，在绿色设计方面主要开展了以下工作。

（1）通过轻量化设计和动力系统改进，降低燃油消耗。据有关机构测算，2018 年，我国汽车燃油消耗达 1.1 亿吨，汽车用燃油消费占全国燃油消费的 55% 左右，碳排放占全国碳排放总量的 8% 左右。如图 10-13 所示，示范企业通过车身结构优化、新材料新工艺集成应用等多项措施，有效降低燃油消耗，减少原材料获取、产品使用等阶段的碳排放。例如，通过提升高强钢、超高强钢等新材料应用比例，实现车身轻量化；通过研发应用高效超净燃烧系统、智能热管理系统、智能润滑系统等高效绿色节能技术，降低燃油消耗等。据估算，示范企业通过绿色设计，产品平均油耗降低约 10%。

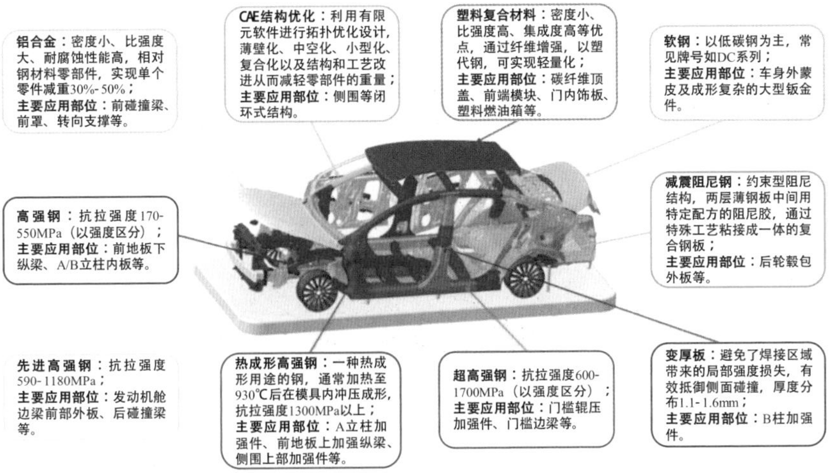

铝合金：密度小、比强度大、耐腐蚀性能高，相对钢材料零部件，实现单个零件减重30%-50%；主要应用部位：前碰撞梁、前罩、转向支撑等。

CAE结构优化：利用有限元软件进行拓扑优化设计，薄壁化、中空化、小型化、复合化以及结构和工艺改进从而减轻部件的重量；主要应用部位：侧围等闭环式结构。

塑料复合材料：密度小、比强度高、集成度高等优点，通过纤维增强，以塑代钢，可实现轻量化；主要应用部位：碳纤维顶盖、前端模块、门内饰板、塑料燃油箱等。

软钢：以低碳钢为主，常见牌号如DC系列；主要应用部位：车身外蒙皮及成形复杂的大型钣金件。

高强钢：抗拉强度170-550MPa（以强度区分）；主要应用部位：前地板下纵梁、A/B立柱内板等。

减震阻尼钢：约束型阻尼结构，两层薄钢板中间用特定配方的阻尼胶，通过特殊工艺粘接成一体的复合钢板；主要应用部位：后轮毂包外板等。

先进高强钢：抗拉强度590-1180MPa；主要应用部位：发动机舱边梁前部外板、后碰撞梁等。

热成形高强钢：一种热成形用途的钢，通常加热至930℃后在模具内冲压成形，抗拉强度1300MPa以上；主要应用部位：A立柱加强件、前地板上加强纵梁、侧围上加强件等。

超高强钢：抗拉强度600-1700MPa（以强度区分）；主要应用部位：门槛辊压加强件、门槛边梁等。

变厚板：避免了焊接区域带来的局部强度损失，有效抵御侧面碰撞，厚度分布1.1-1.6mm；主要应用部位：B柱加强件。

图10-13　汽车轻量化设计示意图

（2）通过燃烧效率提升和高效治理技术应用，减少尾气排放。燃油汽车尾气排放是造成我国雾霾、光化学烟雾污染的重要原因之一。示范企业大力研发尾气减排技术，不断提升产品绿色性能。以重庆长安汽车股份有限公司为例，通过建立完善的动力传动匹配系统开发与验证体系，有效应用推广"高压缸内直喷""集成排气歧管""高滚流燃烧"等先进技术，持续优化整车电喷程序和催化剂配方，提升缸内燃油雾化效果和燃烧效率，有效降低尾气排放浓度。

（3）通过选用绿色原料和绿色技术，改善车内空气质量。汽车零部件和黏合剂易造成车内空气醛类或苯类含量超标问题，存在较大健康威胁。重庆长安汽车股份有限公司通过全生命周期评价与优化机制，应用塑封备胎技术、新风换气系统和森林空气系统等绿色工艺技术，实现车内空气质量管控全覆盖；北京汽车股份有限公司采用先进的车内异味排查试验设备（综合模拟验证环境舱）等措施，有效改善车内空气质量。

3.绿色工艺在航空工业中的应用

飞机是人类工业的明珠，在飞机的制造中，集聚了先进的制造工艺和技术。如图10-14所示，在飞机大型结构件中，蒙皮零件是构成飞机外形结构的重要受力构件，传统的飞机外形大型复杂壁板零件的加工工艺流程复杂，并且部分工序存在化学污染、耗能较高、消耗铝材无法回收等不符合绿色制造的弊端。我国的研究人员开发了集铣面、铣下陷、切通窗、切边和钻孔于一体的加工工艺，实现了壁板的高效化和集成化加工，促进了加工效率和加工质量的提升，并避免了传统加工的化学污染。

图 10-14 大型复杂壁板零件一体化制造工艺

再如图 10-15 所示，飞机发动机涡轮叶片的工作温度通常在 900℃以上，在飞机转弯时，发动机涡轮叶片叶冠阻尼面容易发生碰撞，造成磨损。为避免零件失效而报废，采用激光熔覆功能层技术在基材表面指定部位熔覆一层合金层，使部件恢复原貌，或形成新的功能层，重新获得极高的耐磨、耐蚀、耐高温等性能。

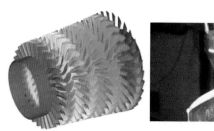

图 10-15 飞机发动机涡轮叶片激光熔覆功能层技术

第四节 工业产品能够起死回生吗——再制造技术

1. 再制造技术的概念

再制造起源于 20 世纪 80 年代，由美国再制造技术研究先驱 Lund Robert T 提出，他将再制造定义为：把废旧损耗的旧件通过先进技术，经历拆解、部件清洗、质量检测、重新加工处理、组装调配、运营调试等一系列过程，使得废旧原产品能回归到以往的质量和性能，并且降低成本、节约能源。我国的徐滨士院士是国内首次提出"再制造"概念的科学家，其定义为：以产品全寿命周期理论为指导，以实现废旧产品性能提升为目标，以优质、高效、节能、节材、环保为准则，以先进技术和产业化生产为手段，进行修复、改造废旧产品性能等一系列技术措施或工程活动的总称。国家标准《GB/T 28619–2012 再制造术语》给出再制造的术语定义：对再制造毛坯进行专业化修复或升级改造，使其质量特性不低于原型新品水平的过程，其中质量特性包括产品功能、技术性能、绿色性、经济性等方面。

因此，"再制造"是循环经济"再利用"的高级形式。通过再制造，可以使产品性能和质量恢复甚至超过原产品或新产品，但是成本不会超过新产品的 50%，可以节约能源 60%，节省材料 70%，明显降低对环境的不良影响，具有显著的经济效益、良好的环境和生态效益。一般机械产品的再制造流程如图 10-16 所示。

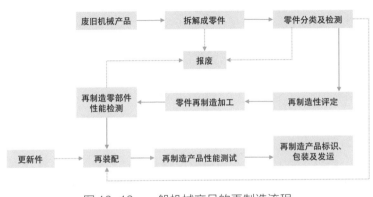

图 10-16　一般机械产品的再制造流程

2. 再制造技术的特性

（1）低成本。再制造在保证修复的产品或零件性能不低于新品的前提下，对比新制造的产品或零件，具有非常突出的节能减排特性和成本优势。实践表明，再制造的成本只有新品的 1/4 甚至更少，例如再制造 1 辆汽车的能耗只是制造 1 辆新车的 1/6。因此，最大限度地挖掘制造业产品的潜在价值，让能源资源接近"零浪费"，是发展再制造产业的意义所在。

（2）高质量。再制造的本质是修复，但又不是简单的维修，其内核是采用制造模式进行维修，是一种高科技含量的修复技术，再制造产品的性能和质量均能达到甚至超过原品。因此，再制造是维修发展的高级阶段，是对传统维修的一种提升。为此，保证再制造产品或零件的质量，对于再制造产品的生产、销售都要遵循相关法律规定，

图 10-17　再制造产品标识

从事再制造的企业也要获得相应的资质认证。根据国家颁布的技术标准，再制造产品需标明明确的再制造产品标识，如图10-17所示。

（3）局限性。再制造是有产业门槛的，首先，必须考量再制造产品的经济性，如果产品价值十分低廉，就失去了再制造的意义。其次，需要考量再制造产品的可行性。这里有两个门槛，一个是技术门槛，再制造不是简单的翻旧换新，而是一种专门的技术和工艺，而且技术含量较高；另一个是产业化门槛，即再制造的对象必须是可以标准化或具有互换性的产品，而且技术或市场具有足够的支撑，使得其能够实现规模化和产业化生产。第三，还需考量再制造对象的条件，必须是耐用产品且功能失效，必须是剩余附加值较高且获得失效功能的费用低于产品的残余增值等要求。

3. 再制造的修复原理

再制造是一个物理过程，例如用旧了的发动机，经过一番修复和改造后，最后装成的仍然是一台发动机；再制造也是一个化学过程，经过再制造的发动机，其原材料或构件已经脱胎换骨，变成了一个全新产品。所以，再制造并非一般的原材料循环利用，而是通过吸取最新科学技术和制造工艺来实现的，具体如下：

（1）再制造的表面技术。表面技术和复合表面技术包含了激光再制造技术、电刷镀技术、纳米电刷镀技术、纳米铜自修复技术、激光熔覆技术、超音速喷涂技术等诸多用来修复和强化废旧零部件失效表面的技术。

（2）修复热处理。通过恢复零部件内部组织结构来恢复零部件的整体性能，根据零部件的损伤形式包括表面修复热处理、整体修复热处理和特殊修复热处理等。对于表面损伤的热处理零件，可以通过表面淬火、表面喷丸、表面激光硬化及化学热处理等方法进行修复来完成再制造；对于结构缺陷修复的整体修复热处理可采用再结晶退火以及热强压与退火的方法进行修复。

（3）增材制造。再制造毛坯快速成型是根据零件的几何信息，采用3D打印等堆积原理和激光同轴扫描等方法进行金属的熔融堆积。

（4）过时产品的性能提升技术。再制造还包括对过时产品的性能进行升级，主要通过引进高新技术或嵌入先进的零部件使产品性能获得提升。

4. 再制造的应用案例

（1）坦克发动机的再制造。发动机是坦克的动力来源，是坦克机动性的关键部件，因为工作环境恶劣，坦克发动机的使用寿命较短。坦克发动机的失效主要表现为功率下降、油耗增加、故障率上升等。坦克发动机的再制造主要集中在曲轴轴颈及轴瓦再制造、活塞再制造、发动机缸套再制造、进排气门再制造。图 10-18 所示为某型号的坦克发动机再制造前后的状态。

（a）坦克发动机再制造前状态　　　　　（b）坦克发动机再制造后状态

图 10-18　某型号坦克发动机再制造前后状态对比

（2）车床再制造。车床在使用较长时间后会存在零部件磨损、整机精度超差等现象，采取重新修复导轨精度、更换易损零部件、对旧电气系统进行数控化改造等措施对车床进行再制造，车床性能及精度将会得到较大提升。再制造车床基础件有 80% 以上可通过再加工回用，省去了相应的铸造与加工耗费，型号越大，材料与能源的节省量越可观。再制造车床采用原有机床基础件，对原机床用户来说，原机床地基可不做改动或只做少量改动，可节省地基建设投资。车床再制造成本仅为制造成本的 40% 左右，性价比提高。图 10-19 所示为再制造前后的 C616 车床对比图。

图 10-19　再制造前后的 C616 车床对比

第五节　未来绿色制造是什么模样

未来世界的绿色产品都是由绿色生产、绿色工厂、绿色供应链和绿色园区等环节组成的绿色制造体系下组织生产出来的。

1. 绿色生产

绿色生产也称为绿色工艺，是指在不牺牲产品质量、成本、可靠性和能量利用率的前提下，充分利用资源，尽量减轻加工过程中对环境产生有害影响的加工过程，其内涵是指在加工过程中实现优质、低耗、高效及清洁，同时还要改善劳动条件，减少对操作者的健康威胁和相关环境的污染，并能生产出安全的、与环境兼容的产品。先进的绿色工艺和技术是绿色制造的关键。

2. 绿色工厂

2015 年 5 月，在国务院发布的《中国制造 2025》中首次提出了绿色工厂的概念，绿色工厂应在保证产品功能、质量以及制造过程中员工职业健康安全的前提下，引入产品全生命周期思想，优先选用绿色原料、工艺、技术和设备，满足基础设施、管理体系、能源与资源投入、产品、排放、环境绩效的综合评价要求，并进行持续改进。绿色工厂的框架如图 10-20 所示。

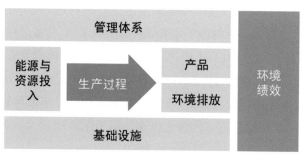

图 10-20　绿色工厂的基本框架

绿色工厂的建筑应满足国家或地方相关法律法规及标准的要求，并从建筑材料、建筑结构、采光照明、绿化及场所、再生资源能源利用等方面进行建筑的节材、节能、节水、节地、无害化及可再生能源利用。绿色工厂建立、实施并保持质量管理体系和职业健康安全管理体系，绿色工厂的环境管理应满足《环境管理体系要求及使用指南》（GB/T 24001-2016）的要求，绿色工厂的能源管理体系应满足《能源管理体系要求及使用指南》（GB/T 23331–2020）的要求。

3. 绿色供应链

绿色供应链由美国密西根州立大学的制造研究协会在 1996 年提出，是一种综合考虑供应链中的环境影响和资源效率的现代化管理模式。绿色供应链以绿色制造理论和供应链管理技术为基础，从产品生命周期的角度，综合考虑包括产品原材料获取、产品设计与制造、产品销售与运输、产品使用以及产品回收再利用的整个过程。通过绿色技术与供应链管理手段，实现产品生命周期内环境负面效应最小，资源、能源利用率最高和供应链系统整体效益最优的目标。

从实施环节来看，绿色供应链的构成包括绿色采购、绿色设计、绿色制造、绿色物流、绿色消费和绿色回收等。绿色采购是为了保证制造环节与环境相容，采用具有节能、环保、无毒无害等特性的绿色材料。绿色设计是指在产品全生命周期内着重考虑产品的环境属性，包括轻量化、单一化、模块化、无害化等设计理念。绿色制造是指在保证产品的功能、质量、成本的前提下，综合考虑环境影响和资源效率，达到对污染、能耗、排放等进行有效控制。绿色物流是指通过充分利用物流资源，采用先进的物流技术，合理规划和实施运输、储存、装卸、搬运、包装、流通加工、配送、信息处理等物流活动，降低物流对环境影响的过程。绿色消费又称"可持续消费"，是从满足生态需要出发，以有益健康和保护生态环境为基本内涵，符合人的健康和环境保护标准的各种消费行为和消费方式的统称。绿色回收是绿色供应链中的重要环节，也就是前面介绍过的再制造和回收利用的理念和技术。

绿色供应链从参与者来看，包括供应商、制造商、分销商、零售商、用户和物流。可以认为，绿色供应链管理是供应链管理技术在绿色制造中的应用，其最终目标是实现供应链对环境负荷最小、资源利用率最高。

4. 绿色园区

绿色园区作为绿色经济发展的重要载体，是未来实现区域绿色经济发展的关键。绿色园区一般来说是人工经济系统在发展中有意识地模仿自然生态系统，应用系统工程的理论和方法，对工业园区进行规划、设计和建设，以提高资源、能源利用效率，减少污染物产生和排放，改善环境质量，促进经济可持续发展。

绿色园区的核心包括能源利用绿色化、资源利用绿色化、基础设施绿色化、产业绿色化、生态环境绿色化、运行管理绿色化等部分。绿色园区内的企业间通过相互合作，有效共享基础设施、能源、物质、水、信息等资源，构建产业共生体系，实现经济收益、环境质量收益以及社会发展的均衡。绿色园区在于通过物质流和能量流传递等方式寻求物质闭路循环、能量多级利用和废物最小化的途径，从而形成资源共享和副产品互换的产业共生组合，最大限度地提高资源能源利用率，从工业生产源头上将污染物的产生降至最低程度的工业集聚。

绿色园区遵循着保持自然区域及植被，保留自然排水系统，高密度集聚，高能源效率，工业共生的原则。

党的十八大报告强调，要把生态文明建设放在突出地位，融入经济建设、政治建设、文化建设、社会建设各方面和全过程；党的十九大报告中明确，加快生态文明体制改革，建设美丽中国。

绿色制造是生态文明建设的重要内容，也是工业转型升级的必由之路，在制造大国向制造强国迈进的道路上，积极推动绿色技术创新，加快推进生产方式绿色化，大幅增加绿色产品供给，大力倡导绿色消费理念，不断提高绿色制造管理水平，以实现经济、社会和生态效益共赢。